Fabianne Pichard du Page - Rutilio Sermonti - Ernesto Milá

Contra Darwin

Requisitoria contra el darwinismo

Ágora de Ideas

Título: Contra Darwin
Subtítulo: Requisitoria contra el darwinismo
Autores: Fabianne Pichard du Page - Rutilio Sermonti - Ernesto Milá
© Fabianne Pichard du Page
© Rutilio Sermonti
© Ernesto Milá
© por la edición Ágora de Ideas
© por la traducción: Ernesto Milà

> *Quedan rigurosamente prohibidas, sin la autorización escrita de los titulares del «Copyright», bajo las sanciones establecidas en las leyes, la reproducción total o parcial de esta obra por cualquier medio o procedimiento, comprendidos la reprografía y el tratamiento informático, y la distribución de ejemplares de ella mediante alquiler o préstamos públicos.*

I PARTE.
FORMACION DE UN NATURALISTA 6

ESTUDIOS DE UN DILETTANTE 9
LE LLAMABAN "GAS" 10
DE LA MEDICINA A LA TEOLOGIA 11
UN VIAJE ALREDEDOR DEL MUNDO 14
PUBLICADO SIN SABERLO 16

GÉNESIS DE UNA TEORÍA 1837-39
Una teoría en el aire 20
DE NAVEGANTE A SEDENTARIO 20
UNA HIPOTESIS MUY VIEJA 21

LAS TRAMPAS DE DARWIN 23
ESTRATEGIA SOCIAL Y EPISTEMOLOGICA................. 23
DE FRANCIS BACON A AUGUSTE COMPTE 25
LAS GRANDES MENTIRAS DEL SABIO 28

PUBLICACIONES DEL HOMBRE MADURO................. 32
EL ASUNTO WALLACE 32
EVANGELIO DE LAS NUEVAS GENERACIONES 33
UNA SUGESTION COLECTIVA 36
UNA CRITICA MODERNA: JEAN PHAURE 39

II Parte
REQUISITORIA CONTRA EL DARWINISMO 43
UNA DOCTRINA QUE SE MUERDE LA COLA 45
LA TRAGICOMICA HISTORIA DE LOS ESLABONES PERDIDOS 48
LOS CABALLOS DE BATALLA... 64
LOS ERRORES DE TRANSCRIPCION 72
¿CUI PODEST? 78
ORGULLO Y PREJUICIOS 84
CONCLUSION 91

III Parte
TEILHARD DE CHARDIN, LA ULTIMA FUGA DEL EVOLUCIONISMO 96
DEL DARWINISMO AL OCULTISMO PASANDO POR LA TEOLOGÍA 99
EL HOMBRE ENTRE LA TIERRA Y EL COSMOS 100
LA NOOSFERA DE LOS COSMISTAS Y LA DE TEILHARD 103
TEILHARD, PUNTAL DE LA NEW AGE 107
TEILHARD Y EL DARWINISMO 110
"AMORIZACIÓN" Y "PUNTO OMEGA" 115
DEL "PUNTO OMEGA" A DIOS 118
ANTES DE TEILHARD: EL ABATE ROCA 121
MÁS ALLÁ DE TEILHARD 124

I PARTE

FORMACION DE UN NATURALISTA

Fabianne Pichard du Page

ESTUDIOS DE UN DILETTANTE

Carlos Darwin nace el 12 de febrero de 1809 en Shrewsbury. Hijo segundo del médico rural Robert Darwin, es el nieto del célebre Erasmo Darwin: médico, poeta, filósofo y, sobre todo, naturalista. Por el lado materno, su abuelo, Josiah Wedwood, el gran ceramista de la reina Carlota, había renovado enteramente el arte de la porcelana en Inglaterra.

Ahora, cuando se cumple más de un centenario de su muerte, es interesante explicar por qué estalló la llamada "guerra del mono".

El futuro hombre de ciencia fue el clásico alumno mediocre. Para él, las verdaderas horas de estudio eran, paradójicamente, las vacaciones. Fue recorriendo los campos escoceses, buscando en las orillas donde exploraba las charcas el retirarse la marea, acompañando a los pescadores en sus barcas, como su espíritu y sus ojos no cesaban de almacenar todo lo que observaban.

LE LLAMABAN "GAS"

Sus estudios secundarios los hizo en la escuela de Shrewsbury, la Escuela de Gramática Libre. "Se me consideraba entonces -cuenta en su Autobiografía- como un muchacho demasiado ordinario, más o menos por debajo de la media". Para su gran mortificación, su padre le reprochó un día: "No te preocupas más que de la caza, de los perros y de la caza de ratones; vas a transformarte en la vergüenza de tu familia y de ti mismo".

Además de la caza, el joven Darwin compartía con su hermano la pasión por la química. Erasmus, el hermano mayor, cinco años mayor que él, había instalado un laboratorio experimental en una cabaña de herramientas, en el jardín de su propiedad. Hizo de Charles su asistente, a pesar de que este último tenía entonces apenas 14 años. Llegaba de trabajar en el laboratorio muy tarde en ocasiones. Erasmus le había enseñado a diluir el ácido sulfúrico en cinco veces su volumen de agua, verter luego la mezcla sobre limaduras de hierro y recoger el gas en un frasco. Tras esta operación se expandía frecuentemente un olor sofocante sobre la colina en que tenían instalado el laboratorio. Y ello le valió al aprendiz de químico reprimendas del director de su Instituto, el Doctor Samuel Butler: "Darwin, en lugar de malgastar el tiempo, sería mejor que os concentrarais en la gramática griega y la literatura latina. Son unas materias verdaderamente útiles para un gentleman inglés digno de este nombre".

En cuanto a sus camaradas de clase, le otorgaron el sobrenombre de "gas".

DE LA MEDICINA A LA TEOLOGIA

Por tradición familiar, su padre quiso hacer de él un médico y le envió a Edimburgo a fin de estudiar la carrera de Medicina. Pero no se dedicó jamás a ello. De una parte, porque se dio cuenta rápidamente de que su padre le dejaría una fortuna suficiente como para poder vivir sin tener necesidad de ejercer la medicina y de otra parte, porque los cursos le aburrían prodigiosamente y las visitas al hospital le inspiraban auténtico horror. Asistiendo un dia a operaciones muy graves - practicaba sobre un niño huyó y jamás regresó (hay que señalar en su descargo que esto ocurría antes del empleo del cloroformo).

Al cabo de dos años, su padre, comprendiendo que debía renunciar a un hijo médico, soñó con convertirlo en sacerdote (incluso aunque su abuelo Erasmus hubiera sido francamente ateo, Darwin consideraba que su familia, sin ser excesivamente practicante, tenía fe). Con este fin, le envió en 1828 a Cambridge. Allí otra vez, no trabajo excesivamente. La caza, las carreras y las comidas constituían el núcleo de sus ocupaciones. "Yo debería -decía- estar avergonzado del empleo que hacía de esos días y de sus noches pero teníamos todos un humor alegre con el que no podíamos soñar en ese tiempo en otra cosa que no fuera un vivo placer".

Como para sus estudios escolares, fue la naturaleza lo que Darwin aprovechó más durante los tres años pasados en Cambridge. (Tras la infancia, gustaba dar largos paseos en solitario. "Para mí escalar y coleccionar es tan natural como respirar", había confesado a su padre). Henslow, su profesor de botánica, llevaba a sus alumnos frecuentemente al Cambridgeshire y Charles; no faltó jamás a estas expediciones de fin de semana a través de los bosques y los sembrados. Irving Stone, en su biografía, señala la anécdota siguiente a propósito de su pasión por los escarabajos: un dia arrancando, la corteza de un árbol, vio dos escarabajos raros y cogió uno en cada mano. De repente, vio un tercero, de una especie nueva que no podía resignarse a perder. Puso en su boca uno de los escarabajos, el que tenía en la mano derecha. "Desgraciadamente, explicó al profesor Henslow, emitió un liquido extremadamente ácido que me quemó la lengua. Tuve que escupirlo y perderlo y de rebote ¡perdí también el tercero!".

A la edad de 22 años, acabó por obtener penosamente el grado de bachiller en teología. Y, en lugar de esperar en la ociosidad -alrededor de dos años- una parroquia donde instalarse, he aquí que el profesor Herslow le propuso en 1831 acompañar en calidad de naturalista no remunerado al capitán Fitzroy encargado de una expedición hidrográfica a la Tierra del Fuego. Quedó estupefacto realmente, puesto que, sin haber hecho la menor experiencia en este sentido, le proponían un viaje alrededor del mundo. Pero, antes de aceptar la proposición, debió vencer la oposición de su padre, el cual temía que tal expedición pudiera comprometer su reputa ción como sacerdote de forma irreparable. No obstante bajo presión de su tío Wedgwood, la resistencia paterna fue vencida rápidamente.

Fue así como una mañana de diciembre de 1831 el navío levó anclas en dirección a América del Sur llevando a bordo al naturalista, ese hombre sin el cual nadie hubiera sabido jamás que existió el "Beagle" (este barco era una pequeña nave de doscientas cuarenta toneladas, clasificado en la categoría denominada "féretros navales" a causa de la tendencia de este género de naves a naufragar ante el mal tiempo).

UN VIAJE ALREDEDOR DEL MUNDO

"El acontecimiento más importante de mi vida"

"El viaje del "Beagle", ha sido desde hace mucho tiempo el acontecimiento más importante de mi vida y ha determinado mi carrera entera. Y sin embargo ha dependido de dos pequeñas circunstancias insignificantes tales como el ofrecimiento de mi tío a conducirme a Schrewsbury a treinta millas de distancia y a la forma de mi nariz". No es a causa de la nariz del joven sabio, sino de sus ideas políticas. El capitán Fitzroy, era un conservador mientras que Darwin era, como su padre, un *Whig*, un liberal, particularmente favorable a la reforma Bill y a la extensión del derecho de voto. Se trataba de una tradición bien anclada en la familia ya que su abuelo Erasmus había sentido siempre una simpatía extraordinaria por la revolución francesa y la independencia de los Estados Unidos. Fitzroy, en efecto, discípulo de Lavater (un fisiognomista alemán), pensaba poder juzgar el carácter de un hombre por la forma de sus rasgos y habiendo visto a Darwin juzgó que un hombre teniendo una nariz como la suya no podía poseer energía suficiente para tal misión. "Pienso que, en adelante, tuvo la convicción de que mi nariz le había inducido a error", añade Darwin.

El viaje le resultó muy penoso, su camarote era muy estrecho. Tardó algunos meses antes de poder habituarse a la situación. Sensible al mareo, padeció además en Valparaíso una enfermedad que le mantuvo seis meses en cama y le hizo sufrir toda la vida.

Pero fue durante esta expedición marítima que su gusto por la ciencia y la observación tomaron poco a poco cuerpo sobre sus demás inclinaciones. "Durante los dos primeros años, confiesa, mi vieja pasión por la caza se mantenía casi tan fuerte como en el pasado, pero poco a poco abandoné mi fusil, pues la caza impedía mis trabajos. Descubrí insensiblemente que el placer de observar y razonar era mucho más vivo que el de las visitas sociales y el deporte". En cierto momento, en el curso de la travesía a bordo del Beagle, apareció claramente su vocación: "Recuerdo haber pensado durante mi estancia en la bahía de Buensuceso en la Tierra de Fuego, que no podía emplear mejor mi vida que contribuyendo en alguna de las ciencias naturales".

La travesía se prolongó hasta octubre de 1836: Islas de Cabo Verde, costas sudamericanas, islas Galápagos,

Tahiti, Nueva Zelanda, Australia, Tasmania, islas Cocos, Malvinas, islas Mauricio, Santa Elena, Ascensión, El Cabo, Brasil, regreso a Cabo Verde, Azores y despues, retorno a Inglaterra.

PUBLICADO SIN SABERLO...

Su viaje a bordo del Beagle nos desvela el aspecto más simpático de su personalidad. A través de ello percibimos a un Darwin joven, ya ambicioso pero sobre todo trabajador encarnizado. Maravillosamente feliz por descubrir tantos paisajes con los cuales había sonado, libre de correr donde quisiera en cada escala. El futuro sabio había refutado ya el creacionismo: "Si parto en el *Beagle* durante tres años no es ciertamente para probar la exactitud o, inexactitud de las Santas Escrituras. Parto para observar y coleccionar". Y si atribuía los fenómenos geológicos a fuerzas operando continua y uniformemente durante millones de años -un concepto revolucionario en su época-, se mostraba todavía relativamente alejado de todas las ideas preconcebidas; ideas que le hicieron elaborar su teoría de la selección natural colocando al desnudo a un personaje arribista, astuto, cínico e incluso exaltado. El darwinismo es una teoría explicativa (mecanicista) de la evolución de los seres vivientes. Reposa sobre los siguientes principios: 1) Los individuos de una misma especie presentan variaciones debidas a diversas influencias del medio y afectando a la especie entera o a ciertos individuos solamente. 2) Los seres vivos se entregan a una lucha encarnizada entre ellos y contra la naturaleza. La destrucción masiva de los menos aptos es una necesidad biológica. Sin la selección natural, cada especie proliferaría indefinidamente.

En consecuencia, la impresión general que se siente a través del relato de su larga travesía es que estuvo feliz y contento con su trabajo, una tarea enorme, consistente en describir, clasificar, catalogar, disecar, prender con alfileres, preservar, empaquetar todos sus hallazgos. Un trabajo que testimonia una aproximación desacralizada y cuantitativa de la naturaleza,

El, que detestaba en la universidad los cursos de geología, llegará a reconciliarse con esta materia e intentará escribir un libro sobre la geología de América del Sur: "No me creía capaz de amar tanto a las rocas como a los escarabajos..."

En el curso de estos seis años pasados viajando alrededor del mundo, Darwin se descubre a la vez entusiasta y poeta (tal como había sido su abuelo paterno) En su diario intimo, el poeta que subyacía en él se expandía libremente: "La noche era de un negro intenso, por una fresca brisa. La mar ofrecía, por su luminosidad, la más maravillosa apariencia y todo lo que de día parecía espuma irradiaba una luz pálida. El bajel formaba delante de él -dos trompas de líquido fosforescente y dejaba tras de sí una estela lechosa. Tan lejos como alcanzaba la mirada la cresta de cada ola resplandecía; y por la reflexión de la luz, el cielo justo encima del horizonte no era tan sombrío como el resto de los cielos".

En numerosas ocasiones, mostró un valor y una sangre fría que le valieron la admiración de la tripulación y la estima de su capitán. Este último decidió dar su nombre a una amplia extensión de agua y a la más eleva da cima de la Tierra de Fuego que quedaron respectivamente en las cartas geográficas como la Bahía de Dar-win y el Monte de Darwin.

Algunos meses antes de su regreso a Inglaterra se enteró a través de una carta de su hermana Carolina de que el profesor Henslow había publicado numerosos extractos de sus cartas y las había distribuido a los miembros de la Sociedad Filosófica de Cambridge. También le informaba de que comenzaba a ser conocidoy que el botánico, en una carta al Dr. Darwin, se alegraba de su próximo regreso "para recoger los frutos de su perseverancia y ocupar un lugar entre los primeros naturalistas de su tiempo".

Súbitamente comprendió que su camino estaba completamente trazado: no iría a enterrarse en medio de los árboles de una parroquia bien tranquila puesto que, de ahora en adelante, era considerado por los hombres de ciencia británicos como una de las esperanzas de la joven generación.

GÉNESIS DE UNA TEORÍA
1837-39
Una teoría en el aire

DE NAVEGANTE A HOMBRE SEDENTARIO

Desde su regreso, deseando consagrar su existencia a la ciencia, se estableció en Londres para clasificar y estudiar sus colecciones y sus notas. Las consignó en su libro "Viaje de un naturalista".

En 1838 aceptó las funciones de secretario de la Sociedad Geológica y, desde 1839, a los treinta años, podía añadir a su nombre las gloriosas iniciales F.R.S. (Fellow of Royal Society, miembro de la sociedad real). Habiendo guardado de sus años de estudio una visceral aversión por la enseñanza, no aspiraba a ninguna cátedra profesoral. Se casará en 1839 con su prima Enma Wedwood. Al cabo de tres años y medio de estancia en Londres, a causa de su mala salud y puesto que su mujer se acomodaba mal a la vida urbana, compro una propiedad en el Down, a una hora de ferrocarril de la capital. En este lugar el antiguo navegante pasará el resto de su vida.

UNA HIPOTESIS MUY VIEJA

Antes de abordar, de manera más explícita, la elaboración de la teoría darwiniana, tal vez sea necesario precisar que la hipótesis de la evolución de las especies no data del siglo XIX. Jean Phaure recuerda que "históricamente la idea de una modificación progresiva y de una complejización creciente del mundo vivo a partir de formas elementales, hunde sus raíces casi en la antiguedad" (Jean Phare, *El ciclo de la humanidad adámica*, pag. 91-92) y nos recuerda que Anaximandro en el siglo VI a. de JC, sostenía que el hombre tenía por ancestro al pez. En cuanto a Empédocles, "erigiendo su concepción del mundo hasta en la ética", declara que "pegar a un animal equivale a un parricidio").

La hipótesis de la evolución de las especies había sido igualmente contemplada por San Agustín y algunos Padres de la Iglesia, habían sugerido que el mundo evolucionaba en función de fuerzas conferidas por Dios a este último. Pero, de hecho, el primero de los grandes transformistas fue Buffon (1707-88). De antemano partidario de las teorías fijistas, llegó a ser evolucionista a medida que se extendían sus conocimientos paleontológicos y zoológicos.

En consecuencia, si la hipótesis de la evolución de las especias no data de ayer, la teoría de Darwin no era menos audaz y revolucionaria. Para darse cuenta mejores preciso situarse en la Inglaterra del Siglo XIX, país que no estaba dispuesto a recibir lás teorías materialistas de un Charles Darwin. Esto explica, en parte, que existieran dos Darwin: el hombre público y el hombre privado como veremos a continuación.

LAS TRAMPAS DE DARWIN

El sabio elaboró su teoría de la evolución en dos años, de 1837 a 1839, pero no se decidió a publicar su obra sobre el *Origen de las Especies*, sino hasta el 1859, o sea, veinte años más tarde ¿por qué este retraso? La respuesta es que, entre tanto, había preparado una auténtica estrategia.

UNA ESTRATEGIA SOCIAL Y EPISTEMOLOGICA

Pierre Thuillier en su libro "Darwin and Cía.", explica como Darwin se preparó para hacer aceptar sus tesis científicas. En efecto, no ignoraba que su teoría, con las fuertes connotaciones de materialismo, corría el riesgo de socavar la visión cristiana del mundo y zapar los fundamentos de la moral victoriana.

Su simulación en el contexto teórico de sus investigaciones fue pues voluntaria. A este propósito, lo que escribió en 1863 a un botánico escocés, Jhon Scott, indica que se planteó lúcidamente el problema de la estrategia a adoptar: "que la teoría guíe vuestras observaciones; pero, cuidado que vuestra reputación quede bien resguardada cuidando de no publicar teoría alguna. Pues ello haría dudar de vuestras observaciones a la gente".

Además del riesgo social, Thuillier revela que Darwin había tenido muy pronto conciencia del riesgo epistemológico y se daba cuenta que "la idea de la selección natural no se integraría en el cuerpo de los conocimientos científicos a no ser que la comunidad sapiente la juzgase conforme a ciertas normas epistemológicas. Para ello, se sirvió de las teorías epistemológicas de Jhon Herschel y de William Whewell que reflejaban las opiniones dominantes entonces en el mundo científico.

Para estos dos hombres de ciencia una buena teoría científica debía estar elaborada según un cierto esquema inductivo y proponer una vera causa, una auténtica causa. Según Herschell, una "verdadera causa" estaba fundada sobre la analogía mientras que para Whwell, era una causa poseedora de un gran poder explicativo. Darwin se sirvió de estas dos teorías. De una parte, justificó su teoría afirmando que en ella había una analogía notable entre la selección artificial y la selección natural.

Muchos naturalistas estimaban, por el, contrario, que la selección artificial ¡probaba la insuficiencia de la teoría darwiniana! pues jamás un criador había creado una especie nueva y de otra parte estimó que su teoría estaba fundada porque explicaba fenómenos muy variados (paleontológicos, embriológicos, etc.).

En consecuencia, la estrategia darwiniana consistió en tomar en cuenta un cierto número de equívocos a fin de hacer pasar el discurso llamado "científico. Resultó de ello que tuvo mucho realismo epistemológico al mismo tiempo que una fuerte dosis de cinismo, en la medida en que su gran objetivo era volver aceptable su teoría de la evolución. Nos es necesario ahora pasar muy sucintamente revisión a las personas que tuvieron una influencia en la génesis de su obra.

DE FRANCIS BACON A AUGUSTE COMPTE

El evolucionismo existió solamente tras haber terminado sus observaciones y cuando formuló sus grandes ideas teóricas. Entonces, la paternidad de esta concepción del trabajo era a menudo atribuida a Franci Bacon (1561-1626). En su autobiografía, Darwin, preocupado en acreditar la creencia según la cual había acumulado observaciones objetivas, escribió: "He trabajado según los auténticos principios de

Bacon; y, sin teoría preconcebida alguna, he colocado una gran masa de hechos".

En *Zoonomía o las leyes de la vida orgánica*, que escribió su abuelo Erasmus Darwin (1731-1802), se encuentra en germen un gran número de ideas sobre la herencia, la adaptación, los órganos de protección de los animales y las plantas, el análisis de las emociones , etc., que recogió más tarde su nieto.

Como el naturalista y transformista francés Lamarck, (1744-1829), Darwin admitió la transmisión hereditaria de los caracteres adquiridos. Idea pues en entredicho por la genética moderna. Darwin postulando una causa omnipresente -la variabilidad espontánea de los organismos- se separaba de Lamarck para quien solo el medio provocaba el cambio y la adaptación al medio).

¿Qué papel ha jugado Thomas Robert Malthus (1766- 1834) en la génesis de *El origen de las especies*? Darwin ha leído el *Ensayo sobre los principios de la población* del economista inglés y ha extraído provecho. ¿Pero por qué razón exactamente? El profesor Thuillier se ha interesado por este problema: "se trataría más bien de que el aspecto matemático de las ideas de Malthus haya sido particularmente importante. Como se sabe, este último consideraba que existía crecimiento aritmético de los recursos alimenticios y crecimiento geométrico en la población humana. Tal lenguaje permitía concebir "leyes" y más precisamente leyes cuantitativas. Para Darwin, era oportuno utilizar esta idea".

En lo que concierne a AUGUSTO COMPTE (1798-1857), Edward Manier revela que se trata de un encuentro indirecto pero crucial. En efecto, si Darwin no ha estudiado los textos originales del filósofo, tuvo conocimiento de un memorándum sobre el *Curso de filosofía positiva* y notaba a propósito de la ley de los tres estados (teológico, metafísico y positivo) que desearía trasladar la zoología al estado positivo. Silvan Schweber estima que Darwin dirigió a Compte su más profundo agradecimiento haciendo desaparecer algunas páginas de sus notas que podía revelar la amplitud de su deuda con respecto al positivismo. Sin embargo, el sabio ha superado a Compte en la medida en que no buscaba simplemente "leyes" sino que intentaba descubrir explicaciones causales.

Así, más allá de las influencias que sufrió Darwin, hemos visto que su postura no estaba únicamente determinada por las necesidades de la ciencia sino igualmente por consideraciones sociales muy concretas: no chocar con la sociedad victoriana de una parte, no inquietar a su esposa Emma, muy creyente y piadosa, de otra. Sus notas nos permiten apreciar más fácilmente lo que fue la génesis efectiva de sus concepciones evolucionistas.

LAS GRANDES MENTIRAS DEL SABIO

Una vez más, nos referimos al muy interesante libro de Thuillier (que aprovechamos particularmente en su. primera parte) para denunciar las mentiras de Darwin. Gracias a sus cuadernos podemos realizar varias constataciones. La primera es que Darwin conscientemente y en diversas ocasiones, ha disfrazado su persona y sus ideas. En lo que concierne a sus creencias religiosas declara en su *Autobiografía* que había seguido siendo teísta hasta fechas posteriores a la aparición de *El Origen de las Especies* en 1859. El impulso de Compte de desembarazar la ciencia de todo recurso a la voluntad de Dios, le hizo escribir en 1838: "A esto tienden mis concepciones". Thuillier precisa que si Darwin ha juzgado interesante, en "El origen de las especies", conceder un cierto papel al Creador, en privado, reconocía que esto era una treta. Escribía esto a Hooker en 1863: "He lamentado durante largo tiempo el haberme moderado ante la opinión pública y haberme servido del término bíblico "creación"; de hecho, yo quería hablar de una "aparición" debida a unos procesos completamente desconocidos".

En uno de los cuadernos consagrados a la transmutación de las especies, hizo alusión a la persecución de los primeros astrónomos y decidió disimular el fondo de su pensamiento: "Debo evitar mostrar hasta que punto soy materialista".

A la lectura de sus carnets, sigue necesariamente otra constatación importante: el naturalista no ha partido de "hechos" sin ninguna preconcepción teórica y esto incluso cuando haya querido presentarse ante todo como un empirista. Sabía muy bien, pues él mismo lo había declarado explícitamente, que no puede observarse nada sin teoría. Además, los carnets, según Thuillier, muestran sin discusión posible que la teoría de la selección natural no ha nacido de un simple análisis objetivo de fenómenos por sí mismos subjetivos. Thuilier añade: "No ha nacido en un contexto de especulaciones extremadamente amplias y felices. Conocía naturalmente algunos hechos; tenía una sólida cultura de geólogo y zoólogo (cultura que el trayecto a bordo del Beagle le había ampliado); pero el testimonio de numerosos "note books" es formal: Darwin incluso en la época en que formuló sus ideas fundamentales, estaba sumido en re flexiones que afectaban a la antropología, la psicología, la teología, la epistemología, la filosofía y la ética ¿quién da más?" (Darwin anotaba sus pensamientos día a dia en cuadernos que se encuentran en la biblioteca de la Universidad de Cambridge y fueron publicados en los años sesenta. Los cuadernos numerados B, C, D y E conciernen más directamente a la transformación de las especies, mientras que los cuadernos M y N estaban de antemano consagrados a la "metafísica", según la expresión de Darwin, pero entre ambas categorías no existian compartimentos estancos).

Todo ello acrecienta la idea de que no solamente estaba elaborando una teoría biológica sino también todo un programa de investigaciones. Se empeñaba siempre en disimular la importancia de sus especulaciones iniciales y no hablará jamás de cómo había adquirido ideas teóricas antes de extraer observaciones destinadas a confirmarlas.

La mayor mentira de Darwin fue el presentarse como un genio empirista dejando creer que *El Origen de las Especies* había sido concebido con una estricta neutralidad ideológica. Thuillier concluye: "En el fondo Darwin no lo habría hecho *exprofeso*: la teoría de la selección natural seria "materialista" por sus consecuencias, pero sin que su autor lo hubiera pretendido. Esta manera de presentar las cosas es insostenible. Ciertamente Darwin ha sido un hombre de ciencia escrupuloso y exigente en el plano del método; pero ello no ha impedido el que se apoyara sobre presupuestos filosóficos característicos, y esto desde el inicio de su verdadero trabajo teórico, es decir, a partir de 1837".

De esta manera, incluso si desde esta época Darwin - tenía el proyecto de formular la aparición del hombre en el marco de una metafísica materialista ("El espíritu es función del cuerpo", declaró en 1838), habría continuado mucho tiempo disimulando su deseo si no hubiera estallado el "asunto Wallace" obligándole a abandonar sus reservar.

PUBLICACIONES DEL HOMBRE MADURO

Del origen de las especies por la vía de la selección natural

EL ASUNTO WALLACE

En 1858, un acontecimiento inesperado puso a Darwin en la picota. Uno de sus compatriotas, Alfred-Russel Wallace, le envió desde Malasia una carta conteniendo un largo artículo sobre "la tendencia de las variedades a separarse indefinidamente del tipo primitivo" con vistas a publicarlo. El sabio quedó perplejo y estupefacto: el joven naturalista, que recordaba haber encontrado hacía algunos años en el Museo Británico, ¡no había podido resumir de manera más concisa sus manuscritos de 1844, ni aún teniéndolos en las manos¡ Lo que Darwin temía tanto llegó a producirse al fin: si el articulo de Wallace aparecía, perdería la "prioridad".

Comentó el acontecimiento a sus amigos Lyell y Hooker que decidieron eficazmente algo sin elegancia: que en su calidad de "hermano mayor", era Darwin quien debía revestir el honor de este descubrimiento científico. Según sus consejos, tomó la determinación de editar un resumen de sus ideas y comunicarlo a la Sociedad Lineana al mismo tiempo que el artículo de Wallace Este último, al estar lejos en el archipiélago malayo, no fue advertido. Es así como el honorable Charles Darwin, con toda inocencia, conservó la prioridad que, según una estricta deontología no le habría correspondido…

Luego cambió definitivamente su plan de trabajo y, en lugar de editar, como proyectaba, una obra en cuatro volúmenes, hizo uno condensado. La redacción fue pésima, e incluso trabajando a un ritmo encarnizado, se preguntaba si llegaría a terminarlo en razón del deterioro que sufría su salud por los vómitos frecuentes y la migraña.

EL EVANGELIO DE LAS NUEVAS GENERACIONES

El editor Murray había juzgado el titulo *Del origen de las especies por vía de la selección natural* tan retorcido que lo redujo y le dio el de *El origen de las especies*. El libro apareció el 29 de noviembre de 1859 y la misma noche, los doscientos cincuenta ejemplares fueron vendidos (lo que es muy raro para un libro científico). Ante este suceso sorprendente, una segunda edición de 3.000 ejemplares se editó inmediatamente.

Irving Stone, en su biografía del sabio, relata los trances que debió pasar Darwin antes y después de la publicación de la obra: "Se despertaba por la noche, atemorizado por la idea de que sus teorías, tal como las había formulado por primera vez en sus cuadernos , entre 1837 y 1839 y en sus ensayos de 1842 y 1844, pudieran desencadenar en una nación cristiana como Inglaterra altercados como los relatados por la historia de las guerras de religión (...) Los vértigos, las palpitaciones, los trastornos en el estómago, los vómitos eran el precio que pagaba por colocar el mundo al revés". Añadamos que toda su vida Darwin temía pasar ante los ojos de las gentes por un incurable hipocondriaco mientras que no pudo impedir el describir a sus amigos sus enfermedades con los menores detalles...

Con la lectura de "El Origen de las Especies", las pasiones religiosas y sociales se desencadenaron. El clero entero se colocó contra el sabio. Recordemos la célebre anécdota según la cual el obispo de Oxford, Wilberforce, aprovechó la reunión de la Sociedad Británica para dirigir contra el darwinismo un violento ataque. Preguntó a Huxley si descendía del mono por parte de padre o de madre. Huxley le contestó que no tenía inconveniente alguno en tener por abuelo a un mono. Pero, como contó más tarde a Darwin: "¡Yo quería decir que prefiero tener a un mono por abuelo que a un obispo!".

Por un contragolpe inevitable, todos los adversarios de la religión se aliaron con entusiasmo con la teoría darwiniana. Todos los adeptos del socialismo, tan ardientes en la segunda mitad del siglo XIX, tomaron como nuevas consignas las fórmulas del naturalista. La breve y atrayente fórmula de la "lucha por la supervivencia", donde el sabio había presentado la clave de la trasformación de las formas animales, llegó a tras formarse en una ley autónoma, susceptible de aplicaciones directas en sociología. Es de esta manera como se pretendió hacer de la obra de Darwin el *Evangelio de las nuevas generaciones*. El naturalista alemán Hoeckel uno de sus discípulos más fervientes, llegó incluso a declarar que la doctrina darwiniana estaba mejor establecida que la de la gravitación universal y que no quedaba otra cosa que enseñarla en las escuelas primarias a guisa de catecismo ¡tras la lectura y la escritura! (Darwin, en ocasiones, se refirió a Newton, y muy conscientemente, traspuso el "paradigma" de una disciplina en otra disciplina ¡su sueño, era llegar a ser el Newton de las ciencias naturales¡).

UNA SUGESTION COLECTIVA

Darwin tuvo diez hijos de los cuales dos murieron con poca edad. Su hijo Francis, que trabajó con su padre, ha dejado recuerdos sobre su género de existencia, un modo de vida burgués, sobre todo minuciosamente regulado. Se levantaba temprano y tras un corto paseo, leía su correo y trabajaba durante la mañana. Al medio día visitaba sus invernaderos, los campos de experiencias o paseaba por el campo observando los pájaros, las bestias y las flores. Su inmovilidad era tal que las jóvenes ardillas llegaban a subirle por las piernas. Luego volvía feliz, leía su diario y respondía todas las cartas que había recibido sin excepción. Hacía siesta, se echaba en un diván, fumaba cigarrillos escuchando la lectura de novelas, género literario que le agradaba particularmente, sobre todo, si la heroína era una ho pita mujer y si la historia terminaba bien.

Tras haber publicado *El Origen de las Especies*, el naturalista inglés se puso a trabajar en la gran tarea que estaba a punto de editar cuando recibió el memorándum de Wallace. En 1860 inició su libro sobre *Las variaciones de los animales y de las plantas en el estado doméstico*, libro en el cual muestra el beneficio que el hombre ha extraído de la selección artificial para la creación de variedades nuevas (esta obra fue publicada en 1868). En 1862 apareció *La fecundación de las orquídeas por los insectos. La descendencia animal del hombre y la selección sexual* en 1871 fue acogida con menos violencia que *El Origen de las Especies*. Siguieron *La expresión de las emociones en el hombre y en los animales* en 1872, *Los movimientos y costumbres de las enredaderas* (1875), *Las plantas carnívoras* (1875), *Los efectos de la fecundación directa y de la fecundación mixta en el reino vegetal* (1877), *La facultad del movimiento en las plantas* (1880), *El papel de las lombrices y de tierra en la formación de la tierra vegetal* (1881), etc. Sus libros se vendían bien: 7.000 ejemplares de la *Descendencia del hombre* se vendieron en solo dos meses: cifra extraordinaria en materia de libros científicos. En cuanto a la *Expresión de las emociones en el hombre y los animales*, el interés y el entusiasmo del público, mejor que las criticas, contribuyeron a la venta de nueve mil ejemplares, igualmente en dos meses.

Como hemos visto, desde 1837, Darwin redoblando la acogida que hizo el público inglés a sus tesis, había desplegado un verdadero arsenal de trucos y simulaciones. Según sus propias palabras, rechazaba jugar el papel de "anticristo" (en una carta a Huxley, en 1860, Darwin concluía, no sin humor: "Adios mi querido y buen agente para la propagación del Evangelio del Diablo"). Lo temía tanto pues una gran parte de la enorme correspondencia que recibía en Down House le llegaba de gentes relacionadas con la religión. Regularmente recibía cuestionarios de revistas y diarios sobre sus creencias religiosas. A todos respondía: "No deseo expresarme sobre cuestiones religiosas". Sus temores acabaron por apaciguarse un poco cuando constató que la prensa religiosa -tan crítica cuando apareció *El Origen de las Es pecies*- se contentó, a propósito de *La descendencia*, con cambiar el darwinismo en una profesión de fé en la magia de los poderes creadores de Dios...

UNA CRITICA MODERNA: JEAN PHAURE

En su obra *El ciclo de la Humanidad Adámica*, el escritor tradicionalista Jean Phare consagra un capítulo apasionante a la crítica del transformismo. Copiaremos sus argumentos en estos últimos párrafos que nos faltan por concluir en esta exposición. Este autor revela un ponto que nos parece fundamental, a saber, que la doctrina evolucionista es, ante todo, una opción filosófica, antes que una ciencia. Esto requiere algunas explicaciones. En efecto, en este dominio, el examen de los hechos observables (según toda ciencia) deja aparecer más complicaciones y contradicciones que no permiten encontrar fundamentos al evolucionismo... ¡Cuántas fallas puestas al día cuando se trata de verificar experimentalmente la herencia de los caracteres adquiridos! ¡Cuántas fallas en el concepto de las mutaciones..! siendo ambos conceptos las piezas claves del evolucionismo.

El recurso a las mutaciones eleva más todavía las objeciones biológicas. En *El hombre y lo invisible*, Jean

Servier escribe: "Los mutantes tal como los podemos observar son ante todo formas degenerantes antes que de "progreso" o "adaptación". En realidad, estas mutaciones sobre las cuales el evolucionismo pretende basar la edificación del mundo vivo, no corresponden más que a carencias orgánicas, deficiencias (pérdida de pigmento o de un apéndice) o incluso duplicidad de órganos existentes). Jean Rostand había concluido que estas mutaciones no aportan "jamás nada auténticamente nuevo, original, en el plano orgánico, nada de lo que pueda pensarse que será el asiento de un nuevo órgano o el inicio de una nueva función".

Si la doctrina evolucionista es, ante todo, una concepción filosófica, su postulado básico reposa en la imperfección de los orígenes y en la búsqueda progresiva de una perfección, de un progreso gradual y fatal. Pro ¿cómo se logra el que numerosas especies biológicas hayan atravesado todas las épocas geológicas hasta nuestros días sin un cambio, unas habiendo conservado un medio vital idéntico, otras habiéndose extinguido "puesto que el medio donde habían sido creadas desapareció sin remedio, mientras que especies creadas por el medio nuevo las han reemplazado?" (Las investigaciones recientes confirman la idea de la estabilidad presente de las formas animales y vegetales y el que deban sus variaciones a fenómenos puramente individuales sin resonancia en el linaje, o bien a una diversificación limitada y virtual mente contenida en el tipo de cada especie) (El Doctor Dubois y el profesor Fridault, citados por Phaure han realizado este tipo de investigaciones).

Una objeción al dogma evolucionista, a la vez grande y elocuente, concierne a la falta de pruebas actuales de las formas intermedias de la evolución. Si las especies, actualmente fijadas, han evolucionado en el pasado bajo el efecto de condiciones diferentes de las presentes hoy día, ¿porqué los paleontólogos no descubren las formas intermedias, los eslabones perdidos que ellos mismos trazan siempre en líneas discontinuas sobre sus tablas? Ante esta laguna, Phaure escribe que "no se trata pues de especies diferentes que son engendradas unas de otras, sino de especies desaparecidas que han dejado sitio a otras, nuevas, creadas según un plan de diferenciación o complejidad progresivas por una inteligencia superior".

Antes de hablar de los descubrimientos de la genética moderna, digamos unas palabras sobre la inteligencia del hombre en el alba de la humanidad. Nada, en efecto, permite afirmar e imaginar estadios primitivos y menos complejos.

La genética impide igualmente el dogma evolucionista. El doctor Robert Hollier, citado por Jean Phaure, dice que el verdadero golpe de gracia asestado al evolucionismo ha sido dado por los genetistas. Los genes, constata, "son los guardianes feroces del código genético, su número está inmutablemente fijado para cada especie. Todas las intentonas hechas para modificar el número de genes se han revelado infructuosas. No se cambia el genotipo cromosómico de una especie. Además, si por artificios o por la acción de ciertos factores se llega a modificar el orden de los genes, o su estructura o com-posición, el individuo es afectado por una enfermedad genotípica, frecuentemente mortal, de las que conocemos bastantes (entre las cuales la más conocida es el mongolismo). Ante estos hechos ¿cómo admitir que el hombre desciende del mono? Todos los monos conocidos tienen cuarenta y ocho cromosomas (salvo el Hylobaster que tiene cuarenta y cuatro). Entonces, el hombre tiene cuarenta y seis... Este simple hecho bastaría para zanjar la cuestión.

Aconsejamos encarecidamente a los lectores repasar el libro de Jean Phaure para quien la corriente evolucionista aparece como "el caballo de Troya de la anti-verdad y de la anti-tradición y como una forma de pensamiento particularmente característica de la inversión espiritual de nuestro Fin de Ciclo".

Combatido en sus inicios, el darwinismo llega a ser rápidamente una sugestión colectiva. El hijo del sabio, Francis, se entretuvo un día en censar los honores que habían sido otorgados a su padres por sus contemporáneos. Contó setenta y cinco títulos de profesor honorario en instituciones extranjeras, tal vez el mayor número otorgado a un solo investigador-escritor científico después de Newton. En 1860, la Real Sociedad le concedió la más alta recompensa de la que disponía: la medalla Copley.

Darwin murió el 19 de abril de 1882. Su cuerpo fue en-terrado en la abadía de Westminster, no lejos de los restos de Newton y de los reyes de Inglaterra.

A la mañana siguiente, tras sus funerales, una carta fue enviada por una firma de relojeros de Fleet Street al Banco Martin de Londres.

F. PICHARD DU PAGE

II Parte

REQUISITORIA CONTRA EL DARWINISMO

Rutilio Sermonti

UNA DOCTRINA QUE SE MUERDE LA COLA

La evolución natural se hubiera desarrollado, según la teoria, de la siguiente manera: Los seres vivos se reproducen según un ritmo mayor del que autorizan las posibilidades de supervivencia ofrecidas por el medio. En consecuencia, una cantidad enorme de ellos es eliminada a través de la lucha por la vida. Se instaura, por tanto, una severa selección natural. Todos los representantes de una especie no son absolutamente iguales: existen ligeras diferencias entre ellos. Algunas de estas diferencias, poco numerosas son transmisibles a los descendientes: se les llama "mutaciones". No es preciso decir (es un evolucionista de base quien está hablando) que estas mutaciones no siguen ningún esquema u orden preestablecido. Están absolutamente ligadas a la casualidad.

Si los individuos que componen una especie no son idénticos y si la mayoría de ellos se ve eliminada antes de la reproducción, serán los mejores quienes consigan reproducirse. ¡Eso es la evolución natural! A fuerza de mejorar, milenio tras milenio, partiendo de una molécula de proteína, llegaríamos así al *Homo*

Sapiens. Desgraciadamente, existe un hueco en este bonito combinado: -¿quién dice que son efectivamente los "mejores" los que, ante todo, llegan a reproducirse?

Este cuestión contiene otra, aún más embarazosa: ¿qué significa "mejor" para un biólogo, siendo él quien postula que no existe ningún orden, ninguna escala de valores sobrenaturales sobre la cual se pueda juzgar que en la naturaleza, una cosa sea "mejor" o "peor" que otra? La respuesta de los darwinistas es abrumadora, irrefutable, definitiva; por "mejor" se entiende: aquel que, antes que otro, llega a reproducirse.

Con tal preámbulo, la afirmación que expresa el eje mismo del mecanismo evolucionista es absolutamente inatacable. Reemplazando la palabra "mejor" por la definición dada anteriormente, la afirmación queda de la siguiente forma: "Aquel que, con preferencia, llega a reproducirse es aquel que, con preferencia llega a reproducirse"...

Los fundamentos impuestos al edificio evolucionista son esos. A aquellos que no nos crean, dejo la palabra a eminentes hombres de ciencia:

Siguiendo al gran genetista T.H. Morgan, el descubrimiento del mecanismo de la evolución consiste en "afirmar que los individuos que son más aptos para sobrevivir, tienen una mejor probabilidad de sobrevivir que aquellos que no están tan bien dotados para sobrevivir" Siguiendo a C.H. Waddington, la teoría de la evolución por vía de la selección natural "proclama que, en una población dada, los individuos más aptos -definidos como aquellos que darán nacimiento a un máximo de descendientes- darán nacimiento a un mayor número de descendientes".

Por su parte, K.-R. Popper denuncia la tautología sobre la cual se apoya la doctrina evolucionista observando: "Si se acepta la definición estática de la adaptación, que coloca la adaptación en términos de supervivencia efectiva, entonces la supervivencia de los más adaptados llega a ser tautológica e irrefutable".

En efecto, llega a ser irrefutable, pero no quiere decir nada: Este paso gradual de lo inferior a lo superior, de lo rudimentario a lo perfeccionado, de lo primitivo a lo refinado, simplemente, de lo más simple a lo más complejo, que el hombre moderno investiga en el medio de la evolución natural -legitimando por ello mismo su propia posición en la cima de la escala- no se justifica más y pierde todo significado.

¿Estaría un gorila por casualidad más adaptado para sobrevivir que un cocodrilo o una ameba? En este caso, en virtud de qué proceso automático, fundado en la aptitud para sobrevivir, los peces habrían debido evolucionar poco a poco hasta los invertebrados, luego a los anfibios, los reptiles y al final a mamíferos? Los grandes grupos de animales aparecidos tras vastos períodos de tiempo (del Cámbrico al Plioceno, por el cual se interesa poco) sobrevivieron casi todos en un perfecto equilibrio entre ellos hasta que el Homo Sapiens puso a funcionar su sabiduría para sembrar el desorden y la destrucción. Los metazoarios no han suplantado a los protozoarios; ni los vertebrados a los invertebrados, ni el hombre a los monos...

Se conocen especies aparecidas en un cierto estadio, especies que han vivido y luego desaparecido en una lejana época o quizás reciente. Pero no se conoce ninguna especie que se haya "transformado". ¡Ni una sola¡

LA TRAGICOMICA HISTORIA DE LOS ESLABONES PERDIDOS

Según la tesis darwinista debería suceder, hoy como ayer, que no existen especies bien determinadas, sino un continuo de formas, respecto de las cuales sería difícil definir donde empieza una y acaba otra (a las cuales se les da un nombre convencional por la necesidad de entenderse). Darwin mismo, que era un hombre consecuente, a pesar de su famosa obra titulada *El origen de las especies por la vía de la selección natural,* no hace más que combatir el concepto mismo de especie proclamando su carácter arbitrario y literario, extraño a la realidad biológica en perpetuo devenir.

Desgraciadamente para él, las investigaciones paleontológicas estaban completamente en contradicción con la realidad que suponía el naturalista inglés.

Con la esperanza de poder demostrar que el error proviene de las excavaciones, que nos muestras con una tozuda y oscurantista estupidez series innumerables y bien diferentes de individuos idénticos (especies), los evolucionistas han soltado sus perros en busca de los eslabones de unión y de las líneas ortogenéticas.

Eslabones, a decir verdad, han encontrado muy pocos y convincentes todavía menos, pero en cualquier caso son mostrados en todos los libros escolares triunfalmente, sin dudar en hacerlos más persuasivos mediante hábiles trucos fotográficos. Ya este simple hecho seria suficiente para dudar de la teoría. Queda claro que si hago dibujar un millón de garabatos a una banda de baduinos equipados con lápices, después de pacientes investigaciones seguramente encontraré algún garabato "intermediario", pero ello no me autoriza a hablar de evolución del garabato. Del mismo modo, la eventual presencia, en la inmensa serie de las especies extinguidas y vivas conocidas, de un pequeño número, realmente excepcional, que presentara caracteres intermedios, no demostraría absolutamente nada. Desafio a cualquiera a imaginar un millón de animales, diversos pero viables, sin que le escape alguno que, de alguna manera, pueda pasar por un eslabón intermedio entre otros dos, aunque hubiera intentado imaginar solo animales sin lazos ni gradación entre ellos.

Si hubiera habido una gradación de pequeñas pero continuas transformaciones, la realidad paleontológica pulularía literalmente -dejando aparte algunas excepciones evidentes- de eslabones y series, al ser, sin discusión, cada especie, un eslabón entre otras dos. Y ya no sería necesario consagrar a las reproducciones gráficas de los famosos Equidos (dibujados de una forma absolutamente fantasiosa) una importancia mayo a la que tuvieron los calendarios de Marilyn Monroe durante su cenit.

Pero lo que es todavía más interesante es ver como nacieron los eslabones intermedios. Limitémonos al ejemplo elocuente del Hombre.

El hombre era el animal más antipático para los darwinistas. En efecto, ¿acaso la doctrina tradicional no pretendía que este había sido creado por Dios (sonrisas de suficiencia) y que además participaba en lo Divino (carcajadas a mandíbula batiente).

El demostrar que el hombre descendía de otro animal y que el Hijo del Hombre del Evangelio no era más que el Nieto del Mono -gracias a algunas mutaciones casuales- esto significaba el triunfo absoluto de la razón y de la ciencia empírica (derivadas ambas de la evolución de las "luces" del chimpancé, el cual, para apoderarse de un plátano, coloca una caja encima de otra) y esto significaba también el destierro definitivo de todas las metafísicas, de todos los textos sagrados y de to-dos los dioses detrás de las vitrinas de un museo etnográfico.

Que la naturaleza divina del hombre y de su alma inmortal puedan ser el resultado de algunas mutaciones fortuitas del A.D.N. de los testículos de algún babuino grande del Cenozoico, tal es una tesis que le resultaría difícil de sostener incluso a algún Jesuita con deseo de fama mundial.

"Dadme este eslabón -se lamentaba Haeckel- y levantaré el mundo".

Se dedicaron entonces con un ahínco propio de causas mejores, a buscar al pitecántropo, medio hombre, medio mono, eslabón indispensable de su doctrina. Para ser rigurosos, el hecho de localizar dos o tres fósiles con características morfológicas intermedias entre las de un hombre y las de un mono, no habría sido una prueba decisiva capaz de cuestionar concepciones milenarias.

Si a través de un millón de años alguien descubriera una pata o algún otro resto fósil de guepardo (*Actionis iubatus*) se podría, sin ninguna duda, mostrar caracteristicas intermedias entre un perro y un leopardo. Pero si se proclamara que se trata de un "eslabón intermedio" y si se exhibiera alguna prueba "irrefutable" del origen canino de los leopardos (o viceversa) uno sería acusado, justamente, de superficialidad.

Pero nosotros no vamos a acusar de superficialidad a los felices buscadores del pitecántropo. Lo que pretendemos es precisamente denunciarlos por estafa.

Cuando el que escribe estas líneas iba a la escuela, allí se nos enseñaba que se acababa de descubrir en Inglaterra, en Pildtow exactamente, un fósil de un hombre mono denominado *Eoantropus dawsoni*. Poseía un cráneo indudablemente humanoide y una mandíbula prognata verdaderamente simiesca. En cambio, sus dientes (para ser exactos, dos molares y un canino) eran humanos o casi. En definitiva, que se trataba del famoso y maravilloso eslabón perdido.

Pero los dos molares semi-humanos no producían mucho efecto ya que los chimpancés también tienen molares semi-humanos. Pero el canino ya era otra cosa. Los grandes monos antropoides tienen caninos semejantes a los de los tigres. ¡El canino era seguramente la junción!

El origen divino del hombre quedaba irremediablemente barrido. Después del pitecántropo de Java a finales del siglo XIX, nos llegaba uno inglés. Decenas de libros exaltaron la ciencia (perdón, la Ciencia, con mayúscula) que había rescatado al hombre del pecado original, de la servidumbre de lo sobrenatural. Regimientos de positivistas danzaron con gritos y música pachanguera sobre la tumba de Adán.

Pero luego, en los años que siguieron a la Segunda Guerra Mundial, llegó el escándalo. El análisis químico hizo volar literalmente en pedazos este *Eoantropus* mostrando que:

1) El cráneo era del pleistoceno pero la mandíbula era moderna y pertenecía a un honrado simio que no tenía nada de británico.

2) Que dicha mandíbula había sido envejecida artificialmente por medio de colorantes.

3) Que los dientes habían sido limados a fin de volverlos más suaves.

4) Que los condilos de la mandíbula habían sido rotos para que no se pudiera constatar que no correspondían con las cavidades articulares de la caja craneana.

5) Que el canino, el famoso canino intermedio procedía en línea directa de Francia.

Lo que se le contó al buen pueblo es que un alegre bromista había querido reírse de los paleontólogos del mundo entero. Pero la versión de la mistificación no parece ser la adecuada, así le pareció a la Cámara de los Comunes que le infligió una severa reprimenda al British Museum.

En realidad el cráneo había sido honradamente descubierto por Charles Dawson en 1912. Inmediatamente se aba lanzaron sobre el lugar para participar en las investigaciones un tal Sir Woodward y un jesuita, el padre Teilhard De Chardin (si, se trata de él). Por una extraña casualidad, una vez presente el francés, el mismo Dawson descubre la mandíbula que no había logrado encontrar hasta ese momento. Había sido retocada previamente con astucia por obra de un desconocido... de tal modo que el pobre Dawson se dejó engañar.

El año siguiente se descubrió, buscando mejor, el famoso canino. ¿Y quién lo descubrió? A qué no nos creen: ¡el mismo Teilhard de Chardin en persona! El canino, como ya se sabe provenía del otro lado del canal de la Mancha, dado que es notorio que los caninos no están dotados para la natación creemos que nos será permitido suponer que alguno de los que participaban en estas investigaciones "científicas" lo debió traer en el bolsillo de su chaleco.

Dos de estos investigadores eran ingleses, mientras que el último venia precisamente de Francia ¡Qué bromista este jesuita! El mismo que hoy en dia, todavía es -considerado como uno de los padrinos de la ciencia moderna que ha desgarrado los velos del oscurantismo.

Se podría objetar, sin embargo que, aunque el fósil de Piltdown no es más que una vulgar falsificación, todavía queda el *Pitecantropus erectus* de Java, descubierto a finales del siglo XIX, para testimoniar de una manera irrefutable que descendemos del mono. De este jamás se ha dicho que fuera falso y cada cual ha visto numerosas reproducciones en libros y revistas con gran lujo de detalles. Además ha sido promovido recientemente a *Homo*, junto con su no menos irrebatible colega chino.

Ni hablar: el hombre-mono de Java y el de Pekin no son más que otros dos trucajes de baja categoría, dos muñecos de circo creados por evolucionistas rabiosos. Histéricos por no haber encontrado ningún resto merecedor de crédito, eslabón de enlace para apuntalar la teoría de la cual se habían encaprichado locamente, no tuvieron ningún escrúpulo en fabricarlo de pies a cabeza. He aquí porque estos dos episodios son a la vez más graves y elocuentes que la mascarada de Piltdown: cuando estos dos casos demostraron ser un fraude, el conjunto del mundo científico fue cómplice del muro de silencio que rodeó al escándalo, además se trata de los mismos que hoy pretenden imponernos con cinismo estupideces como verdades reveladas.

Empecemos con el hombre de Trinil, decano de los imaginarios *Pitecantropus*. Para colocarnos en el ambiente adecuado hay que volver al personaje de Ernst Haeckel, uno de los más ardientes herederos de Darwin. La idea de descender del mono le gustaba tanto que había incluido el *Pitecantropo* en su árbol genealógico incluso antes de que se hubiera descubierto el más mínimo fósil que incluso con la mejor voluntad del mundo hubiera podido servir de pretexto. Había denominado

Pitecantropus alalus a este antepasado que solo vivía en su imaginación fértil y al que había concebido sin voz, fiel al principio que hasta la misma voz humana había debido evolucionar desde los gruñidos y los gritos, por más que les pese a Caruso y la Malibran, a causa de mutaciones genéticas fortuitas

La ciencia empírica, infatuada (de palabra) de su famoso postulado según el cual las teorías sólo se construyen sobre las pruebas, encuentra aquí mucho más de cómo construir las pruebas sobre las teorías. El procedimiento es el siguiente: supongamos una teoría "A", que por un motivo cualquiera, nos conviene. ¿Qué prueba necesitamos? Necesitaríamos, por ejemplo, la prueba "a". Es suficiente encontrar esta prueba... o hacer que, de una manera u otra, aparezca. Así se hace el truco.

En el caso del hombre y del gran simio que, por necesidad lógica (?), debía de ser el antepasado del primero, la prueba "a" era el *Pitecántropo*, Haeckel era categórico. Para hacerlo aparecer se recurrió a un médico holandés llamado Eugene Dubois, residente en las indias holandesas.

Cerca de Trinil, en la isla de Java, descubrió solamente el fósil de un gran gibón (de la familia de los simios antropomorfos de los cuales existen dos géneros y cuatro especies de talla más pequeña) y a catorce metros de distancia un fémur humano ¡Esto era todo!

El que escribe estas líneas descubrió hace veinte años en una cantera cerca de Frosinone y en un radio inferior a 14 metros escasos las osamentas de rinocerontes de Merck, de una hiena, de un lobo y de un león de las cavernas...Desde luego no se me ocurrió jamás suponer que pertenecían al mismo animal. Idéntico suceso le ha ocurrido a millares de buscadores profesionales y nadie ha imaginado un "Girilo" (vértebras de girafa y mandíbula de cocodrilo) o un "Bufardo" (cráneo de búfalo y patas de leopardo) ¡No importa, esta caja craneana y este fémur debían irremediablemente pertenecer a la misma criatura por que la ciencia necesitaba un *Pitecantropo* si no el señor Haeckel se iba a enfadar mucho. *Et Pithecanthropus fuit.*

Cuando Rudolf Wirchow vió en 1895, en Berlín, los restos javaneses su vigorosa protesta fue en vano aunque resultaba evidente que la caja craneana pertenecía a un gibón y el fémur no tenía nada que ver con ella. El *Pitecantropo* se le rió en las narices, con razón, pues hoy en dia nadie sabe quien fue Wirchow mientras que todo el mundo conoce al *Pitecantropo* como si fuera el vecino de enfrente.

Aunque Wirchow desconocía algo que si lo hubiera sabido le habría enfurecido. Ignoraba que el bravo doctor Du bois, mientras que era triunfalmente recibido por su maravilloso descubrimiento -que llegaba verdaderamente en el mejor momento para la teoría de la "evolución natural"-, tenia algo sobre la conciencia que daba sabor amargo a su apoteosis. Se trataba de una caja de madera en la cual había disimulado numerosos restos de todo lo que había de humano -y en particular algunos fémures absolutamente idénticos al que había añadido arbitrariamente al cráneo del gibón descubiertos a poca distancia, durante las investigaciones en la misma isla (Wadjak). Poco antes de su muerte, Dubois CONFESÓ SU FALSIFICACION y reconoció que Wirchow tenía razón: el cráneo probablemente pertenecía a un gran ilóbato. Pero esto ocurría en 1940 y en aquel año Europa tenía otras cosas en que pensar. En cuanto a nuestros escrupulosos científicos, aprovecharon para disimular sus palabras y mantener en su puesto al precioso *Pitecantropo*, que puede así figurar también en la galería de beneficiarios de la guerra.

Tengo bajo los ojos el libro de Ciencias Naturales programado este año para los alumnos de secundaria: se trata de *Il nuovo leggere la natura* (El nuevo leer la naturaleza) de Sirgiovanni y de Angelis, Ediciones Giunti, Florencia 1980. Tras algunas consideraciones sobre el *Australopiteco* se puede leer: "La etapa siguiente del proceso de HOMINIZACION es suficientemente conocida Se trata del HOMO ERECTUS o *Pitecantropo* acaecido hace un millón de años. Sobre este punto las pruebas manifiestas son numerosas un poco por todas partes en el mundo: la investigación científica puede ser más precisa y así reducirse al mínimo las interpretaciones fantasiosas. El primer fósil de este HOMO ERECTUS fue el Hombre de Java, seguido por el Hombre de Pekín (del que se descubrieron ejemplares fósiles en el Norte de China)".

En la parte superior de la página del libro se puede contemplar una fascinante reconstrucción gráfica del *Pitecántropo* (dibujado sin la menor "fantasía" como puede suponerse) completo: manos, brazos, pies, mandíbula prognata, peinado desordenado y frente forzada. ¡Desde el cráneo del gibón y el fémur caído de las nubes, nuestro compadre ha hecho una buena carrera!

Hay que señalar también que la convincente serie de ilustraciones "progresivas", figuran en la misma página de la misma forma que no falta ningún detalle a la ilustración n°6, el hombre de NEANDERTHAL, aunque NINGUN antropólogo hasta hoy haya JAMAS afirmado que se trata de uno de nuestros antepasados.

Pero regresemos a nuestro pequeño antepasado chino del que "ejemplares fósiles", según el libro en cuestión, "se han encontrado en el norte de China". La afirmación es tanto más divertida y reveladora por lo siguiente.

Procedamos con orden:

Cualquier individuo de cultura media, en Occidente, sabe que el homínido de Chu-Ku-Tien tenía un cráneo TODAVIA simiesco (800 cm3 aproximadamente), pero utilizaba el fuego y fabricaba instrumentos de piedra tallada francamente "musterienses" (correspondientes al hombre de Neanderthal, para ser más exactos).

¿De qué se trataba?

En 1927, Davidson Black descubría con el hombre de Pekín un diente humano. No lo descubrió investigando o excavando: simplemente, encontró en la maleta de un chino que vendía chucherías y que le dijo encontró en una cueva no lejos de la ciudad (Chu-ku-tien, precisamente). Black se desplazó hasta el lugar y comenzó sus investigaciones: hasta aquí nada que añadir. Pero, hete aquí,q ue apareció pronto junto a él un hombre igualmente "black" de vestimenta, ya que se trataba de un jesuita ¡Naturalmente! lo han adivinado, era nuevamente él: ¡el mismo Teilahrd du Chardin que anteriormente había estado presente en Piltown! Apenas llegó nuestro amigo al lugar, he aquí que inmediatamente se encontró un segundo diente. Haciendo jugar inmediatamente su prestigio de Señor de los Anillos (de los anillos perdidos se entiende) el infatigable jesuita galo se precipitó a la Fundación Rockefeller obteniendo una subvención de 20000 US $ para los primeros gastos.

Las investigaciones de 20000 US $ (de la época) hicieron aparecer, en una gruta, una serie de pozos de SIETE METROS de profundidad repletos de cenizas mezcladas, entre las cuales se encontraron algunos cráneos de mono con la frente a trozos y más bien de talla grande (casi como el cráneo de Trinil). Otras osamentas: cero, a pesar de que fémures, húmeros, y vértebras se conservan mejor que cráneos...

He aqui pues en qué consisten los "ejemplares fósiles" del *Pitecantropo* "encontrados en China del Norte", según se les explica a los alumnos de bachillerato.

¿Dónde estaba el *Pitecantropo* en todo esto? ¡En el razonamiento deductivo, naturalmente! ¿En la lógica¿ ¿No han leído a Sherlock Ilolmes? Si había cráneos, cenizas y piedras, era claro que estos cráneos (que habían tenido que abandonar sus cuerpos Dios sabe dónde) HABRIAN DEBIDO contener cerebros capaces de fabricar estas piedras talladas y utilizar el fuego. Pero dado que sólo los hombres podían haber hecho cosas de este género, debia deducirse que lo habían hecho HOMBRES-MONO: elemental, querido Watson. Es así como el *SINANTROPUS PEKINENSIS* fue promovido a la categoría de *PITECANTHOPUS* y por fin de *HOMO* (en efecto, los fósiles evolucionistas, continúan evolucionando incluso en el estado de fósiles..).

No sé si, para el lector, la deducción es tan clara como todo esto. En lo que a mí respecta, diré que no lo es del todo.

En la medida en que estos desgraciados cráneos sin mandíbula y sin brazos ni piernas habían terminado entre la ceniza, lo cual implica que, no teniendo ni cuerpo ni piernas, no pudieron aterrizar solos allí y que en consecuencia alguien los situó en aquel lugar: a este respeto, no se ve muy bien por qué este "alguien" habría debido poseer un cráneo idéntico. Al igual que no se comprende muy bien por qué el fuego habría debido de ser encendido y utilizado por los titulares de los cráneos ni por qué serían ellos y no otros, quienes fabricarían las piedras talladas.

Imaginemos que un día venidero un temblor de tierra haga saltar por los aires la basura de un restaurante de alta categoría y que un día aún más lejano alguien se le ocurriera descubrir estos restos. Admitamos que descubriera los restos fósiles de cabezas de ternero, cenizas abundantes y un tenedor roto. ¿Qué pensaría usted de un paleontólogo del porvenir que DEDUJERA LOGICAMENTE la existencia de un "ternero-antropo" capaz de utilizar el fuego y fundir tenedores?

Es sin embargo gracias a un razonamiento tan ridículo como el *Pitecantropo* chino debe figurar, inevitablemente, en la galería de nuestros autotitulados "antepasados".

¿Por ligereza? ¿Por exceso de entusiasmo?

Que aquel que sea llevado a juzgar las cosas más severamente se reconforte:

En 1932, en un estrato situado un poco más alto que

la acumulación de cenizas (denominada por esta razón el "estrato superior") se encontraron tres esqueletos adultos de HOMO SAPIENS, con su cráneo correspondiente al mismo tiempo que piedras talladas rigurosamente idénticas a las que Teilhard, Black y todos los demás habían atribuido de corazón al hombre-mono sin cuerpo descubierto cinco años antes. A partir de ahora era evidente -o debería de haberlo sido- que el Hombre de Pekin no tenía más realidad que Peter Pan o Pinocho. En absoluto: al igual que como de la tardía confesión de Dubois, nadie aireo una sola palabra. El Pitecantropo de Java y el de Pekin continuaron estando presentes en los libros escolares, pilares de la cultura positivista moderna...

Es preciso añadir que los "preciosos" hallazgos de Chu ku-tien fueron enviados en 1941 a los EEUU y que jamás llegaron allí. Esto les evitó el desagradable trance de que algún investigador desabrido les aplicara las pruebas mediante isótopos de carbono... ¿Y el reverendo padre Du Chardin? ¿Qué pintaba en todo esto? Los ingenuos podrían pensar que, al menos desde el escándalo de 1925 con el British Musseum, cada una de sus apariciones públicas habria sido acogida con un concierto de abucheos. ¡En absoluto! Gozó hoy del mayor prestigio en los círculos más competentes hasta su muerte y, aun hoy, ocurre lo mismo,

LOS CABALLOS -O MEJOR, LOS "EQUIDOS"- DE BATALLA...

Vayamos a la otra PRUEBA, a la otra famosa CONFIRMACION: las "líneas ortogenéticas". Estas consistirían en series de especies, o más bien de géneros, que evolucionarían gradualmente de una a otra: un cierto número de eslabones terminarían por formar una especie de "cadena". El profano, apasionado por el evolucionismo, podría esperar una plétora de estas "líneas". Si todas las especies actuales se han formado según este proceso deberíamos disponer, incluso con algunas algunas, de "líneas" para la mayor parte de entre ellas.

Pues bien, nada de todo esto existe.

Como sin duda sabe el lector, los grupos taxonómicos -es decir, reconstruidos a partir de la clasificación de los animales y de las plantas- han sido, desde Lineo agrupados siguiendo criterios de afinidad creciente entre las formas vivientes. Si tomamos, por ejemplo, el tigre de Siberia, tendremos:

REINO: animal.
SUB-REINO: metazoarios (animales pluricelulares)
TIPO: vertebrados (con esqueleto interno)
CLASE: mamíferos
SUB-CLASE: Theria
ORDEN: carnívoros

SUB-ORDEN: Fisipedos
FAMILIA: Felidae
SUB-FAMILIA: Felinae
GENERO: Panthera
ESPECIE: Tigris
SUB-ESPECIE: siberiano

A partir de ahora está claro que, para hacer la demostración de la teoría evolucionista, es preciso buscar, como mínimo, cadenas de GÉNEROS. Luego buscar las especies (o directamente sub-especies ecológicas, para abreviar las cosas) que pueden informar al máximo sobre la influencia de los diversos hábitats en las características secundarias y que dejan intactas todas las estructuras fundamentales del animal.

Pues bien, CADENAS DE GENEROS (intergenéricas) NO EXISTEN EN ABSOLUTO.

¿Y los famosos caballos?

Todos los tratados evolucionistas -particularmente al nivel de vulgarización y de enseñanza básica, donde se forma precisamente la opinión pública- terminan siempre por desembocar inexorablemente en este punto: los Equidos y su cadena intergenérica.

Tenemos ante la vista el ya citado *Leggere la Natura* (Leer la naturaleza), que exhibe naturalmente la sugerente y elocuente línea ortogenética del caballo. Una simple ojeada basta para persuadirse de su "evolución": aumento progresivo de sus dimensiones y reducción progresiva del número de sus dedos. El EOHIPPUS con cuatro dedos del Eoceno se transforma en MIOHIPPUS en el periodo siguiente -perdiendo un dedo pero adquiriendo, en cambio, prestancia- luego en MERICHIPPUS en el Mioceno, este en PLIOHIPPUS y, por fin, en la actualidad en EQUUS, cada vez más grande y éste último con un solo dedo. ¡Qué tri teza no poder vivir aun durante un millón de años más para asistir a la inevitable transformación de los caballos, según la línea directa de la evolución, en bestias enormes como los elefantes y ¡completamente desprovistas de dedos!

Si intentamos ir un poco más al fondo de las cosas, constataremos que para los caballos igualmente se ha querido hacernos confundir ingiriendo gimnasia como si fuera magnesia o, en otros términos, se trata de una mistificación al uso de jóvenes sin cultura.

En 1874, mientras que los darwinistas ardían aún de entusiasmo, el paleontólogo ruso Kowalevsky comenzó a forjar una hermosa "cadena" del Eoceno hasta nuestros días (que se parece, en apariencia, al esquema del libro de escuela, citado anteriormente, utilizado en el año 1980) con los fósiles de caballo hasta entonces inventariados. No había entonces más que cuatro: PALAEOTHERIUM - ANCHITERIUM - HIPPARION - EQUUS. Quizás el lector se habrá dado cuenta de que (salvo el último) ninguno de los géneros colocados anteriormente por Kowalevsky figura hoy en el citado libro escolar.

Pero cuando se tiene la preocupación de hacer pasar la teoría evolucionista por algo convincente e importante, todo esto carece de importancia. Dado que el PALAEOTHERIUM no podía considerarse como un équido y que el ANCHITERIUM y el HIPPARION debían rápidamente extenderse en ramas laterales (cf. *El árbol de Llull*, de 1918), bastaba buscar otros, suficientemente progresivos, entre el número sin cesar creciente de descubrimientos fósiles y de ponerlos a la cola. Es así como una prueba "irrefutable" más ha reemplazado a la precedente, convertida en caduca, sin que el común de los mortales se haya dado cuenta.

Parece que los autores del moderno libro de escuela se hayan referido precisamente al árbol de Llull (fig.-1). Encontramos, en efecto, en el tronco principal, desde el Eoceno hasta nuestros días: EOHIPPUS - MIOHIPPUS-MERICHIPPUS - PLIOHIPPUS y el actual caballo - agrandando su talla pero dotados de un dedo menos cada vez: *quod erat demonstrandum*. En la mitad, a decir verdad, se encuentran otros que, de forma inoportuna y poco amistosa, interrumpen el proceso lineal de la evolución.

Donde las cosas se complicaron fue durante los sesenta años que separan 1918 de nuestra feliz época. No poca agua ha pasado bajo los puentes de la paleontología: nuevas investigaciones y nuevos descubrimientos han modificado totalmente y complicado el árbol de Lull.

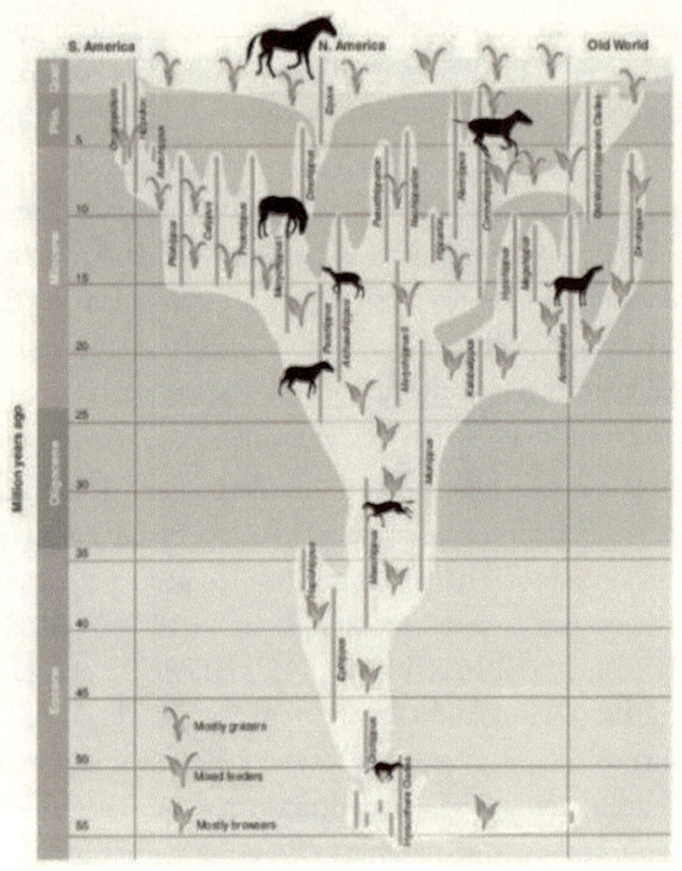

Figura 1: El "Árbol de Lull"

Basta para esto mirar el árbol de Quinn, en 1955, reproducido aquí (fig. 2). Estamos ante el fárrago más completo. El tronco principal ha desaparecido completamente, igualmente la ramificación de los équidos ameri-anos del Eoceno (el pequeño EOHIPPUS, etc.), y toda la noción de series, han hecho otro tanto. El árbol se ha convertido en un matorral... Y sin embargo la hipótesis de Quinn da muestras de mejores disposiciones respecto hacia el evolucionismo.

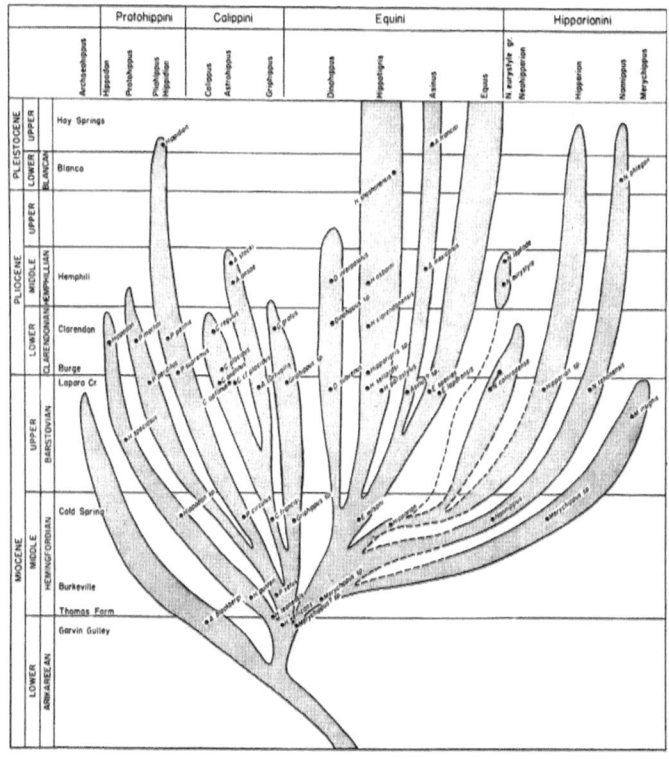

Figura 2: El "Árbol de Quinn"

Todas las bifurcaciones son absolutamente arbitrarias, empezando por la derivación de base del ARCHAEOHIPPUS. Baste decir a este respecto que

équidos contemporáneos del ARCHAEOHIPPUS, en la actualidad existen al menos cuatro especies -de las que tres, al menos, faltan en el cuadro de Quinn y del que el último (el HIPODON) ha sido hecho derivar de su contemporáneo el ARCHAEOHIPPUS de una forma completamente fantasiosa. Se trata de líneas paralelas, sin la menor sombra de conexiones evolutivas y el único esquema que es posible trazar con rigor y serenidad verdaderamente científicos sin bifurcaciones forzadas o imaginarias es del tipo que reproducimos a continuación tomado de los trabajos de Sermonti y Fondi (fig.- 3).

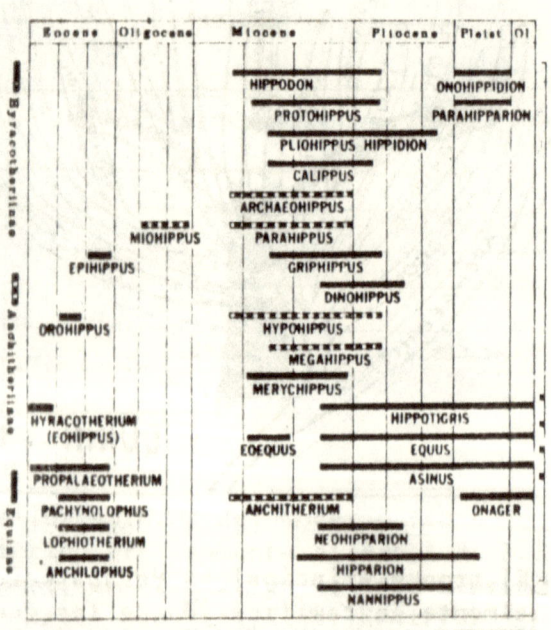

Figura 3: La clasificación Sermonti / Fondi

La verdad sobre el asunto de los caballos y de sus series-modelo demuestra que el principio del evolucionismo se desprende de un texto de G. Hardin (que no es un adversario del evolucionismo), citado en la misma obra: "Existió un tiempo en que, los fósiles existentes de caballos parecían indicar una evolución rectilínea desde los pequeños hasta los grandes, desde las formas con talla de un perro hasta las de talla de un caballo, de animales con dientes capaces de triturar simplemente, a los de una dentición mucho más compleja como los actuales caballos. PARECÍA, como los eslabones de una cadena, ir en línea recta. Pero la hipótesis fue pronto abandonada. En la medida en que se descubrieron nuevos fósiles, la cadena de la única red filogenétoca se fraccionó y resultó evidente que la evolución no habría, de hecho, acaecido en línea directa, sino que (para no hablar más que de la talla) los caballos habrían tenido una talla aquí más pequeña y allí más grande en el curso del tiempo. Desgraciadamente, antes incluso de que se pudiera ver todo completamente claro, una exposición de caballos en tanto que ejemplo de ortogénesis había sido organizada en el Museo Americano de Historia Natural, fotografiada y abundantemente reproducida en los libros de cursos elementales (en dónde aun hoy sigue apareciendo)".

Por expresarlo de una manera directa y brutal (y esta vez nos toca a nosotros, creemos), las cosas se presen tan como sigue: desde hace casi treinta años, se sabe pertinentemente que ninguna LINEA ORTOGENETICA de la evolución del caballo puede ser identificada o trazada. A pesar de esto, se continúa impunemente atiborrando la cabeza de los jóvenes estudiantes con esquemas "progresivos" sobre el caballo, ¡privados absolutamente de toda base científica! y únicamente porque son prácticos para sostener una teoría que como la darwinista DEBE SEGUIR TENIENDO CREDITO A NO IMPORTA QUÉ PRECIO, mientras que, en realidad, carece de cualquier fundamento auténticamente demostrado fuera de desmentidos...

Todo esto ¿por qué razón?

EL DESCUBRIMIENTO DE ERRORES DE TRANSCRIPCION

Desde el inicio, hemos dicho que este corto estudio no quería ni podía ser un agregado de refutaciones de la teoría evolucionista para lo cual habría bastado remitir al lector a los muy numerosos textos escritos por biólogos de renombre.

Sin embargo, para ser más completos en nuestra requisitoria y dejar en evidencia la aberración que consiste en hacer del AZAR el artífice de la maravilla de la creación, se impone hacer una alusión al espectacular mecanismo de mutación-selección natural que se nos presenta como el proceso a través del cual se determina el "progreso" desde la proteína hasta los mamíferos y hasta el hombre.

En principio, todo ser viviente, vegetal o animal, posee un "patrimonio genético" (conjunto de sus caracteres hereditarios) conservado en sus células germinales, y que se transmite sin variación a sus descendientes. Si observamos una manada de cebras, al igual que un banco de arenques o una colmena de abejas, puede percibirse como los individuos que los componen son absolutamente idénticos o, por lo menos, sus diferencias son de tal manera imperceptibles que se escapan al simple ojo. Las diferencias eventualmente más evidentes en algún individuo son debidas, normalmente, a las vicisitudes de su desarrollo embrionario y de su período infantil o bien a condiciones patológicas que no se transmiten generalmente a su descendencia.

Existe sin embargo una posibilidad -aunque se dé en rarísimas ocasiones- según la cual, por razones en gran parte desconocidas (se trata en general de radiaciones), se constatan alteraciones en la estructura del A.D.N. (ácido desoxirribonucleico) del núcleo de células germinales de un individuo. En consecuencia, su descendiente será un MONSTRUO, es decir, que poseerá características alteradas en relación al esquema constante de la especie a la cual pertenecen. Imaginemos que en la elaboración de una máquina extremadamente compleja y delicada concebida por un experto, un aficionado poco dotado aporta por casualidad o azar una modificación: naturalmente una máquina realizada según este proyecto aventurado será diferente de la que se había previsto para que funcionara bien.

No existe ninguna máquina elaborada por el espíritu humano que sea tan compleja como delicada como el hombre, milagro de funciones y de órganos que componen cada criatura viviente. Es, en consecuencia, evidente que modificando por azar uno de estos órganos o cualquiera de estas funciones, el resultado obtenido no será viable y que -incluso en el caso, extremadamente raro, en que la deformación no sería tal que tuviera como consecuencia la imposibilidad de vivir o sobrevivir- constituiría un *handicap* para el mutante y no una ventaja en la lucha por la vida, que desembocaría, rápidamente, en su eliminación.

Una cebra, por ejemplo, que naciera con patas muy cortas o privada de ojos, sería el primer ser devorado cuando la manada debiera hacer frente al ataque de leones; de la misma forma que un mutante de león, desprovisto de dientes, sería condenado a morir de hambre tras haber superado el periodo de lactancia materna.

Podrían existir, sin embargo -y existen- mutaciones tan poco significativas que no tuvieran influencia sobre la capacidad de supervivencia y de reproducción. Una girafa privada de sus inútiles pequeños cuernos, un hombre sin apéndice o un zorro con ojos azules, no sufrirían ningún *handicap* en relación a sus semejantes y en consecuencia podrían reproducirse como los otros.

Pero existe aún una eventualidad, aunque poco verosimil, hasta tal punto que puede considerársela en práctica como una hipótesis puramente teórica: es la de una mutación debida al AZAR que terminara por ser ÚTIL a su beneficiario, determinando por ello una VENTAJA y ofreciéndole una posibilidad más grande de tener descendencia.

Que alguna criatura viviente, en la extraordinaria complejidad y perfección de sus estructuras —ya se trate de un ágil zorro o de una gelatinosa medusa, de un cachalote enorme o de un minúsculo paramecio, de una simple estrella de mar o de un Emmanuel Kant- pueda ser "mejorado" por una parcial y fortuita violación de su armonía interna, es un pensamiento que no puede más que repugnar profundamente a alguien que observe la naturaleza con una mirada llena de admiración, aunque esté dispuesto, en el límite, a conceder que tal posibilidad pueda existir sobre el plano teórico. En este orden de ideas, no es ciertamente imposible que alguien lance al mar un objeto de plástico en Honolulu y que dos años después este mismo objeto reaparezca en el estómago de un oso blanco abatido sobre una orilla de la bahía de Baffin. Ciertamente, es POSIBLE que el objeto haya sido transportado por el plancton y que éste haya sido engullido por un pez, el cual, a su vez terminaría devorado por algún tonto que, por fin, sería deglutido por el famoso oso hambriento de tal manera que no le hubiera importado tragarse el objeto de plástico. Naturalmente que es posible, pero ¿todo esto a donde nos lleva? ¿Deberíamos concluir por este mismo camino que toda la historia de la vida sobre la tierra es solo el resultado de millares y millares de coincidencias monstruosas de este tipo?

Por otra parte, la extrema improbabilidad de tales MEJORAS FORTUITAS se reduce aún a las consideraciones que siguen:

1) Los caracteres MUTANTES son casi siempre recesivo lo que significa que no se transmiten a las generaciones siguientes a menos que sean comunes a los DOS genitores.

2) La alteración de las células germinales, producida por un agente exterior, puede difícilmente ser concebida como limitándose a un único carácter aislado. No podría más que extenderse primeramente a otros caracteres y en la medida misma en que toda alteración fortuita de un organismo complejo es fatalmente -salvo casos excepcionales- perjudiciales, pudiéndose concluir que (la eventual VENTAJA sería compensada por otras DESVENTAJAS) el individuo en cuestión, si era viable, lo sería, en definitiva, menos que otros.

El lector se habrá dado cuenta de lo improbable que sería, por no decir imposible, UNA mutación fortuita VENTAJOSA, la más mínima, de naturaleza tal que pudiera perpetuarse en la descendencia hasta el punto de imprimir un carácter EVOLUTIVO. Y sin embargo, según los evolucionistas, es de ésta manera como ha procedido el mecanismo general gracias al cual se habría pasado de la ameba al hombre... He aquí como Francis Crick lo de finió: "Un bonito mecanismo, en verdad: su descubrimiento es uno de los triunfos intelectuales de nuestra civilización". Tras esto, no queda más que interrogarse sobre el significado de SU civilización (que por suerte no es la nuestra)... Los "errores de transcripción" fortuitos -gracias a los cuales, a lo largo de millones de años y de errores, se habría pasado de un grupo incoherente de letras a la DIVINA COMEDIA- son la verdadera obra maestra de la "lógica" de los adoradores del Azar. ¡Y nosotros, continuamos dejando a estos chimpancés llenar el cráneo de nuestros hijos¡

Pero esto incluso no es más que un ejemplo. Se podría continuar así, página tras página, volumen tras volumen, coleccionando las verdaderas historias de locos que han conseguido hacer penetrar en el público la idea evolucionista hasta el punto de escandalizarse si alguien osaba reírse y criticarlo.

Se podría interrogar, por ejemplo, sobre la razón por la cual de tales improbables mutaciones positivas

-perpetuándose de una manera aun más improbable- habrían debido acumularse en DIRECCIONES EVOLUTIVAS determinadas, en ausencia de toda regla y de todo diseño previo. Se podría uno divertir imaginando, y esto sería desde luego divertido, las extrañas transformaciones de un animal corredor en animal volador, y las formas que habría debido asumir en sus transformaciones intermedias (a condición de que cada una de ellas supusiera una MEJORA en relación a la precedente y que ninguna sea contraria a la regla del más-apto-para-la-supervivencia). Es el caso de los insectívoros, que habrían debido evolucionar en murciélagos…

Pero preferimos detenernos aquí, por una parte para no aburrir a nuestros lectores, y por otra para evitar caer en argumentaciones muy técnicas. No quisiéramos dar una aproximación de la "lógica" tan cacareada que sería el cemento del edificio transformista y cuya médula serian los resultados "objetivos" del tipo de los que hemos visto hasta ahora.

¿CUI PODEST?

Si hemos dado algunos ejemplos, es porque son mucho más elocuentes y sintomáticos en la medida en que conciernen, no a aspectos marginales de la predicación evolucionista, sino a su temática central.

Son la demostración de que, en vistas de un objetivo preciso, la teoría de la evolución natural (en tanto que criterio general de interpretación de la naturaleza viviente) es sostenida y defendida con radicalismo -independientemente de su validez- hasta el punto de recurrir a arbitrariedades de bajo nivel, de las que cualquier científico debería avergonzarse si no estuviera anestesiado por la presión y el consenso general de sus propios colegas y por la adhesión unánime de todos los que desconocen el tema. El evolucionismo se ha convertido en un principio moral, como ROSTRO biológico de la civilización moderna y para la salvación de esta moral y de es a civilización, se está dispuesto a entregarse a algunas supercherías y a estafar sin escrúpulos con los datos.

No sirve de nada que, en las obras de los evolucionistas más cualificados, la duda se perfile en cada página y que las habituales afirmaciones, que son la base y la prueba del nueve de esta nebulosa doctrina, se hundan una tras otra. A medida que se desciende a grados de vulgarización o de enseñanza elemental, las hipótesis menos confirmadas se convierten en dogmas, las afirmaciones más contradictorias pasan a ser verdades, las conclusiones más subjetivas son dadas por ciertas. Lo que ahora es dominio de lo ridículo a nivel científico, se convierte, a nivel de bachilleres, en algo "absolutamente cierto".

La verdad es esta: la teoría darwinista, que es incapaz de mostrarse seriamente corno tampoco de definirse científicamente, es LA UNICA QUE SALVA LOS PREJUICIOS DE LA POSICION DE LAS "LUCES", la única que puede facilitar un modelo de naturaleza capaz de explicar la creación según una concepción empírico y mecanicista. Por ello que debe ser salvada a no importa qué precio.

Teilhard du Chardin afirma: "¿Qué es la evolución? Una. teoría, un sistema, una hipótesis quizás... Nada de todo esto, es más bien una condición general, que es preciso aceptar a partir de ahora y que debe satisfacerse para que puedan ser concebibles y consideradas como verdaderas todas las hipótesis y todos los sistemas. Una luz que aclara todos los hechos... he aquí lo que es la evolución".

Y desde el momento en que aclara ¿qué nos importa que sea absurda y falsa? Aclara simplemente.

Solo que esta luz no es blanca: está incluso fuertemente coloreada. Incluso una linterna con vidrios rojos ayuda a avanzar en la oscuridad, solo que da una idea completamente falsa del color de los objetos. ¡Solamente aquel que quisiera hacer creer que la leche tiene el color de la sangre y que los limones son naranjas sanguinas podrá encontrarse entusiasmado por este tipo de luz!

Es precisamente bajo este ángulo que me interesa

examinar la teoría de la evolución natural. ¿Cuál es el color de su luz? ¿Quién tiene interés en falsear, por medio de esta luz teñida, los colores que el sol nos revela como tan diversos?

Cuando un delito ha sido cometido, el investigador empieza por plantear la famosa cuestión: *"¿cui podest?"*, es decir, quién puede extraer un beneficio del mismo delito. Alguien ha puesto arsénico en la tisana de la vieja millonaria, ¿quién va a heredar?

Dado que en este tema se ha utilizado tanto la mentira como el plagio, proponemos proceder según los mismos métodos, ya que si se prueba que la finalidad y las modalidades según las cuales la interpretación evolucionista es sostenida y extendida han transgredido mucho los límites que imponen a la vez el rigor científico, el simple pudor y la común decencia para convertirse en pura y simplemente una manipulación mental de las masas.

Conviene aquí recordar lo que Vilfredo Pareto observaba a propósito de las ideologías. Estas, escribía, pueden y deben ser consideradas según dos puntos de vista diferentes.

Uno es el de su valor intrínseco, es decir, de la validez de su contenido. El otro es el de su éxito histórico. En efecto, una vez convertidas en dominio público y capaces de producir efectos, las ideologías se convierten en sistemas de pensamiento, y además -y esto es lo más importante- en HECHOS HISTORICOS. Y Pareto nos previene contra el éxito histórico de una ideología, la extensión de los efectos que esta produce sobre el mundo, no tienen nada que ver con su valor real (algo que se ha convertido en todavía más evidente tras la muerte del maestro genovés). Este citaba el ejemplo de la idea de la IGUALDAD ENTRE LOS HOMBRES -intrínsecamente absurda- y sin embargo idea que se encuentra en el origen de efectos explosivos como los que asistimos en nuestra época moderna.

Se puede decir otro tanto del evolucionismo que comenzó su marcha triunfal apoyado por los gritos de entusiasmo de todos salvo de los biólogos: políticos, ideólogos, sociólogos que permanecían recelosos ante el rigor científico y las demostraciones, pero anhelaban ardientemente que la teoría triunfase porque era prodigiosamente útil para sus deseos, que no tenían absolutamente nada que ver con el mundo científico.

A guisa de demostración baste reflexionar sobre un hecho nimio que -por increíble que parezca- no ha sido subrayado más que por algunos iniciados: se trata de la marcha atrás efectuada por el mismo Darwin en 1871. En tanto que verdadero hombre de ciencia Darwin había hecho siempre gala de una gran prudencia y de vacilaciones en la formulación de sus ideas: de la misma forma que admitía que su edificio no podía mantenerse en pié más que a condición de que se encontrara confirmado el mecanismo de la selección natural de las características "más útiles" como único criterio de afirmación de nuevas especies. Si, por el contrario, se constataba que la naturaleza no había operado siguiendo este proceso, entonces -escribía él mismo- esto sería *"absolutely fatal to my theory"*. En 1871, fue obligado a admitir honestamente que había sobrestimado la selección natural y que esto constituía uno de sus más groseros errores (*"oversights"*). "Evidentemente, el hombre presenta, como cualquier otro animal, estructuras que no le son de ninguna utilidad y jamás lo han sido en ninguna época de su existencia, sea a nivel de sus condiciones generales de vida o a nivel de uno u otro sexo. Tales estructuras no pueden ser explicadas por ninguna forma de selección o por los efectos hereditarios de la utilización o del abandono de sus partes.... En la mayoría de los casos, se puede simplemente decir que la causa de toda variación de poca importancia como de toda monstruosidad reside primeramente EN LA NATURALEZA Y EN LA CONSTITUCION DEL ORGANISMO antes que en la naturaleza de las condiciones del medio" (Darwin, *Descent of man*, I, 152)

Desde 1870, un hombre como Russel Wallace (aquel que hacia 1850 había formulado, en Malasia, una teoría idéntica a la de Darwin, lo que había terminado por decidir a este último a editar su *Origen de las Especies*) había ido mucho más lejos. Se había dado cuenta de que el espíritu humano no podía resultar de la evolución natural de cerebros simiescos y admitía - que esto pudiera ser explicado "gracias a la intervención de una inteligencia superior". Darwin le respondió: "Espero que escribiendo esto usted no haya asesinado a su criatura que es también la mía".

Los mismos Darwin y Wallare estaban renegando implícitamente, más o menos, de sus teorías, algunos años después de su formulación. En estas condiciones, ¿cómo es que la teoría dio la vuelta al mundo como si se tratase de un nuevo evangelio, hasta el punto de que el término "evolución" llegó a ser casi una fórmula mágica? ¿Cómo llegó a impregnar todo conocimiento y toda investigación? ¿Cómo llegó a obtener las pruebas que le faltaban?

ORGULLO Y PREJUICIOS

Según los clichés de la literatura, la teoría de la evolución natural habría nacido del abandono de las cosmogonías imaginarias y de la emancipación del pensamiento humano deseoso de racionalizar la materia fundándose en la observación y en la demostración, más que en los conceptos no críticos y de orden fideísta o religioso. Expresaría el resultado de la aplicación -el problema del paso de las antiguas formas de vida a las formas actuales- de la nueva tendencia científica y objetiva, desprovista de prejuicios, únicamente fundada sobre hechos certificados y sobre la lógica, descartando toda forma apriorística.

Se trata de una enésima y grosera mistificación. En realidad, el éxito de esta teoría no fue debido ni a las pruebas (que estaban completamente ausentes) ni a la lógica (que, en sí misma, liquidaba todas las hipótesis y los mecanismos de la teoría evolucionista) sino propiamente y exclusivamente al ciego asentimiento, por parte de los evolucionistas, de un prejuicio -el mismo que aquel sobre el que reposaba la civilización nacida del "libre-pensamiento": el prejuicio según el cual "todo" debería explicarse exclusivamente en el marco del mundo sensible. Esta civilización tenía necesidad de una doctrina científica de este género, pues, que expresase la confirmación, la justificación natural del capitalismo, de su lógica y de su moral. La nueva clase dirigente de traficantes y de banqueros le abrió las puertas a dos bandas no porque ella era cierta y probada (punto sobre el cual estaban en poca disposición para aportar un juicio con conocimiento de causa), sino porque les parecía tallada a la medida del "mundo moderno", el mundo que esta clase pretendía fundar y dominar.

Las líneas que siguen darán al lector una aproximación elocuente de la estricta dependencia entre la doctrina biológica de la evolución y las concepciones politico-sociales del siglo XIX. Facilitará también respuesta a la pregunta que planteábamos en el párrafo, anterior sobre el COLOR DE ESTA LUZ que, para Teilhard, el darwinismo "habría proyectado sobre todas las hipótesis y todos los sistemas".

La columna de la izquierdea se refiere a las ideologías que, a partir del siglo XIX, se han afirmado en el mundo moderno mientras que la columna de la derecha contiene las afirmaciones evolucionistas que componen, finalmente, su contrapunto:

1. La civilización y la sociedad humana son concebidas con exclusión de todo elemento trascendente. No se considera como CONCRETO lo que no es MATERIAL y perceptible con los cinco sentidos. SE PROCLAMA LA MUERTE DE DIOS.

1. En la formación de las especies, comprendida la humana, se excluye, en tanto que ANTICIENTÍFICO, toda intervención suprasensible. "La ciencia moderna DEBE EXCLUIR toda creación particular o toda intervención divina" (Huxley).

2. La concepción del progreso como hecho automático e inevitable del tiempo que discurre.

2. Concepción de la evolución como hecho natural y flujo automático de la historia de la vida.

3. La libre concurrencia y la lucha por el primer puesto (el BELLUM OMNIUM CONTRA OMNES de Hobbes), constituirían el mejor recurso de toda sociedad humana.

4. Negación del origen divino del poder. Las clases dirigentes son la expresión de la voluntad de las MASAS de las que proceden.

5. No existe ningún modelo. TODA REALIDAD POLÍTICO-SOCIAL QUE SUPLANTE A OTRA ES, POR ESTE MISMO HECHO, MEJNOR, INCLUSO SI LA PRECEDENTE LE ERA SUPERIOR. Quien tiene la supremacía es, por lo mismo, legítimo.

3. El combate por la vida y la selección natural explican el proceso mediante el cual se realiza la evolución.

4. Los animales SUPERIORES han derivado de los INFERIORES según un proceso mecánico y sin ninguna DIRECCIÓN preestablecida.

5. No existe ningún ESQUEMA. Las especies que suplantan a otras —o al menos que han asumido una DOMINACIÓN- deben ser consideradas como más aptas, es decir, más evolucionadas. El éxito es, de hecho, el único rasgo de SUPERIDAD.

Y otro tanto ocurre en lo que concierne a la dominación de la naturaleza.

6. **CONCEPCIÓN ESDÍSTICA DEL CRITERIO DEL MEJOR SISTEMA POLÍTICO:** Será aquel elegido por el mayor número de electores (democracia).

7. Legitimación de la explotación de los pueblos más atrasados por los más desarrollados. Colonialismo. Supremacía de las "grandes potencias", Exterminio

6. **CONCEPCIÓN ESTADÍSTICA DE LA ADAPTACIÓN.** El más apto y evolucionado es por definición- aquel que tiene la superioridad numérica, dejando tras de sí el mayor número de descendientes.

7. Los mecanismos de la evolución funcionan en el hombre también. "En un tiempo –poco si se compara con la duración de los siglos- es prácticamente cierto que las razas humanas más civilizadas habrán exterminado y sustituirán a las más salvajes" (Darwin).

Es evidente que, para los fundadores de la teoría evolucionista, hablar de libertad de pensamiento y de ausencia de prejuicios es realmente una enormidad. Todos los prejuicios modernistas, todos los comportamientos de esta gigantesca Torre de Babel que es el mundo moderno fundado en los "inmortales principios", condicionan totalmente esta teoría que habría debido no ser más que biológica. Sólo su naturaleza de fiel servidora de las ideologías triunfantes de la mitad del siglo XIX le confirió el éxito y la orgullosa seguridad con la cual, hoy todavía, cree poder imponerse. El favor de la cual se beneficia tanto de parte del mundo capitalista y del marxista, no es una mala situación precisamente. Hasta el punto de que hoy, en la crisis general que sacude todo el pensamiento moderno, en la creciente puesta en duda de todas las ideologías del último siglo, el evolucionismo permanece siempre conservando su solidez, enraizado en los cerebros de muchos que se declaran adversarios declarados de estas ideologías, a pesar de todo. E incluso el asentimiento pasivo de la población "evolucionada" le es conferido, a pesar de todas las constataciones, incluso incontestables, de que algo no funciona o de que existe un rodamiento que se ha gastado en la complicada máquina socio-económica moderna, la cual corre el riesgo de volar en pedazos o de hundirse de un momento a otro. En cuanto al optimismo de fondo -injustificado y fideísta- de aquellos que piensan además que esta sociedad moribunda terminará por seleccionar automáticamente sus propios remedios sin que haya necesidad de tomarse la molestia en buscarlos, este optimismo, también, pertenece a la conciencia evolucionista que, en poco más de un siglo de educación/propaganda, ha llegado a contaminar todos los espíritus. El darwinismo ha con-seguido así el bastón de vejez de su genitor: el mundo de las "Luces", materialista y desacralizado.

CONCLUSION

Extraigamos las consecuencias culturales y tácticas. Nosotros -que sabemos que ningún progreso jamás ha sido alcanzado sin el esfuerzo consciente y pertinaz de los mejores, según una visión clara de los problemas y de los objetivos- no puede escapársenos que la salvación del hombre no podrá ser alcanzada más que barriendo el terreno de los restos de las "Luces" y de todas las desviaciones mentales que estas han difundido por el mundo.

Lo que se espera, lo que esperan todos los hombres de buena voluntad, es una gigantesca batalla contra la mentira, sea lo que sea que esté escondido o camuflado, para librar nuestra cultura de todo lo que, en el curso de los siglos precedentes, la ha reducido a servir de ornamento y coartada al cinismo capitalismo y marxista. El evolucionismo, al mismo tiempo que sus extravagantes aplicaciones sociales, es sin ninguna duda, uno de los principales objetivos a abatir.

Pero sobre este último punto conviene extenderse. La pura y simple refutación, sobre un plano científico, tal como hemos demostrado, no basta. Demostrar que dicha teoría está desprovista de base científica sólida y seria -como lo han hecho abundantes autores mucho más autorizados que el autor de estas líneas- es ciertamente muy importante pero insuficiente. Y esto en razón de los medios gracias a los cuales esta teoría continúa reinando y manteniéndose en alto no tienen gran cosa que ver con la demostración científica.

El primero de estos medios es la conspiración del silencio -evocando a la mafia- sobre todo lo que, sean pruebas o argumentos, tienda a socavar sus bases. Es por ello que es preciso centrar todos los esfuerzos en la defensa, la traducción y la vulgarización de los textos anti-darwinistas esforzándose por encima de todo en hacerla accesible a todos. El material disponible a nivel científico no falta, pero teniendo en cuenta la firme determinación de los medios académicos oficiales de hacerse el sordo, interesa que se tome la iniciativa de manera sistemática y consecuente. Pero eso no es todo.

Hemos revelado que, en el campo de aquellos que proclaman el dogma evolucionista, quienes daban muestra del exclusivismo más intolerante no eran aquellos que se encontraban al más alto nivel académico -aquí se desarrollaba una estrategia de repliegue que ha permitido en lo sucesivo a todos los partidarios más serios del evolucionismo refugiarse en afirmaciones tautológicas y en la búsqueda cada vez más laboriosa, de novedades y pretendidos mecanismos de evolución con los que sustituir a los antiguos y en los que la falta de fundamento cada vez era más evidente- sino en los libros de escuela.

En la medida en que los biólogos de mañana se formen hoy en los bancos de las escuelas primarias, es fatal que aquellos que llegan a las clases superiores ya estén fatalmente condicionados por el evolucionismo hasta el punto de ser incapaces de renunciar a esta disposición de principio, a pesar de todas las pruebas contrarias que necesariamente encuentran a través de su ruta y a lo largo de sus estudios.

En 1957, en el *Figaro Litteraire*, Jean Rostand escribía esto: "Creo firmemente, POR QUE NO VEO EN QUÉ OTRA COSA PODRIA CREER, que los mamíferos proceden de los lagartos y los lagartos de los peces; pero afirmando o pensando esto, no intento esconderme de la monstruosidad de tal afirmación y prefiero dejar en la duda el origen de tales metamorfosis irritantes, antes que añadir a su improbabilidad la de una explicación ridícula cualquiera". Y ¿por qué, pues, el insigne biólogo, perfectamente consciente del ridículo de tales "mecanismo evolutivos", NO VE OTRA

COSA EN QUÉ CREER?

El motivo lo explicaría años después: "Estamos impregnados, saturados de la idea transformista y por muchos aspectos casi se ha convertido en indiferente. No la vivimos más en el verdadero sentido de la palabra. Nos han enseñado en la escuela y hemos repetido maquinalmente, que la vida evoluciona ella misma y que los seres vivos se transforman unos en otros". No es solo, añadiremos nosotros, de la idea transformista de lo que estamos infectados desde la escuela maternal, sino de toda moral positivista, laica, progresista y cientifista. Hasta el punto de determinar en la mayor parte un verdadero bloqueo mental mientras que la investigación de la verdad nos lleva a confines de la ciencia profana, a estas nuevas columnas de Hércules que ésta ha erigido para que nadie escape de su tutela.

Para algunas publicaciones Apolo desciende del mono.

Sin embargo, existen factores psicológicos creados y extendidos entre el buen pueblo con un fin desestabilizador que hoy, pueden jugar en beneficio de quienes trabajan en esta operación de sabotaje mental de la juventud. El significado positivo de palabra tales como REVOLUCIÓN y REVOLUCIONARIO; la desconfianza hacia la autoridad; la tendencia a la CONTESTACIÓN y a la ICONOCLASTIA…

Ha llegado el tiempo en que los hombres que han permanecido en pié entre las ruinas pueden comenzar a sonreír...

R. SERMONTI

TERCERA PARTE

Teilhard de Chardin, la última fuga del darwinismo

Ernesto Milà

Del darwinismo al ocultismo pasando por la teología

El pensamiento del padre jesuita Teilhard de Chardin constituye el extremo límite del evolucionismo y, en más de un sentido paralelo al del cosmismo ruso; fue modelado sólo unas décadas después de que los discípulos de Fedorov recopilaran sus escritos bajo el título de *Filosofía de la Causa Común*. Si Teilhard no había leído dicha obra, desde luego, coincidió completamente con ella. En efecto, Teilhard se mueve en tres direcciones: en primer lugar en dirección científica, intentando completar la teoría de la evolución que ocupa un lugar central en su doctrina. Intenta, en este terreno, buscar pistas paleontológicas sobre los "eslabones perdidos" que certifiquen de una vez y para siempre que el ser humano es un producto de la evolución de especies inferiores. En segundo lugar, confirmada la evolución de las especies como nuestro destino, establece que ésta no ha terminado todavía sino que prosigue y que solamente se detendrá cuando la humanidad alcance su "punto omega" en la evolución. En tercer lugar, establece la "*noosfera*" como el teatro en el que se desarrolla la actual etapa de evolución de la humanidad. Y es precisamente éste último concepto el que permite vincularlo directamente a la filosofía cosmista y, en especial, a uno de sus exponentes, Vladimir Ivanovich Vernadski.

EL HOMBRE ENTRE LA TIERRA Y EL COSMOS

Vernadski es contemporáneo de Teilhard y sólo unos años más joven que él. No es filósofo, sino científico como el jesuita y a lo largo de su vida realizó incursiones en el estudio de la biósfera, siendo uno de los precursores en este orden, contribuyendo a la fundación de ramas de la ciencia como la mineralogía, la genética, la bioquímica o la radiogeología. Los estudiosos de su obra resaltan su carácter multidisciplinario y sintético. Pero, además, la obra de Vernadski tiene también una componente política. Alineado inicialmente en las filas de la contrarrevolución, se exilió al terminar la guerra civil con la derrota de los "blancos" hasta que unos años después volvió a Rusia, reconocimiento explícitamente que los fundamentos del bolchevismo no estaban muy alejados de la filosofía cosmista que compartía. A partir de ese momento reorganizó la Academia de Ciencias de la URSS logrando influir decisivamente en las orientaciones de las nuevas generaciones de científicos y en la política científica del régimen soviético.

Su concepción de la biósfera, concretamente, enlazaba directamente con las preocupaciones habituales de Fedorov y de sus discípulos, la idea de la "unidad". Para Vernadski, la biósfera es el lugar donde existe la vida y es fuente de toda materia viva. Es el habitat del ser humano al que está vinculado y del que es dependiente. La biósfera pertenece a la Tierra, pero también al cosmos al estar en contacto, directamente, con la parte exterior de la Tierra. De ahí que los seres vivos tengan, precisamente por eso, una "dimensión cósmica". En este sentido no existe una "libertad absoluta", sino un estado de dependencia entre todos los seres vivos y entre ellos y la biósfera.

Vernadski había elegido la ciencia como un método para alcanzar la verdad. Los otros dos terrenos que habían competido con ella en el mismo objetivo eran la religión y la filosofía. La superioridad de la ciencia en relación a la religión y a la filosofía residía en que solamente ella era capaz de incorporar a sus reflexiones el estudio sobre la biósfera. Ella, era pues, la madre de las otras dos muestras del genio humano porque aludía al hecho básico de la naturaleza humana: la vida, esa vida desarrollada en la biósfera. Vernadski tenía una confianza ciega en la ciencia y seguía en esto los desarrollos de Fedorov sobre la necesaria integración de ciencia y moral, síntesis progresista del futuro. Había escrito: "La ciencia representa la fuerza que salvará a la humanidad".

El optimismo de Vernadski se basaba en que a principios del siglo XX, los avances científicos en la comprensión de los mecanismos de la materia y de la biósfera, habían sido inigualables en relación a períodos anteriores. Las exploraciones, los transportes, los medios de comunicación entonces incipientes, permitían al ser humano tomar posesión de la biósfera. Vernadski opinaba que esa posesión debía de hacerse en nombre de la "humanidad" Pero si el hombre estaba en posición de dominar la biósfera se debía a que poseía un elemento superior: la razón y la voluntad. Y esto le llevó a formular el concepto de *"noosfera"*.

En la concepción de Vernadski la Tierra es una unidad compuesta por cinco realidades integradas: litósfera, atmósfera, biosfera, tecnosfera y noosfera. Ésta última sería la "esfera del pensamiento". Vernadski observó que todas estas capas estaban interrelacionadas y que no sería posible la existencia de ninguna de ellas sin algún tipo de colaboración o compenetración con las demás. Todas, además, estarían en permanente evolución (Vernadski no se planteaba hacia dónde). Los últimos desarrollos de la física de su tiempo ya aludían a la existencia de isótopos que no serían más que minerales que mediante la pérdida de algún electrón se van transformando progresivamente. Nada que la antigua alquimia clásica no hubiera ya definido anticipadamente aludiendo a la evolución inevitable de los metales y a que todos tienden hacia el oro mediante un lento proceso de "maduración" que el alquimista puede acelerar mediante la fabricación de un catalizador o "piedra filosofal". Por tanto, cuando Vernanski y los cosmistas hablan de "evolución", a diferencia de la ciencia occidental que alude solamente a evolución de las especies, se están refiriendo también a la evolución geológica y a la evolución de la cultura.

LA NOOSFERA DE LOS COSMISTAS Y LA DE TEILHARD

Sin embargo, el nombre de Vernadski estará indisolublemente unido al concepto de noosfera que promovió y estudió. La noosfera es, a la vez, su contribución al cuerpo científico-filosófico del cosmismo ruso y el nexo de unión con Teilhard de Chardin. Vernandski llama noosfera la "esfera del pensamiento", esto es, a la específicamente humana que deriva de la evolución de las células más perfectas del ser humano, esto es, a la vanguardia en la evolución de las especies, las neuronas. La noosfera debe su nombre al término griego "noos", pensamiento y se define como el conjunto de los seres inteligentes con el medio en que viven.

A fin de cuentas, la irrupción de la noosfera venía impuesta por la dinámica evolutiva. La noosfera es la tercera aparición en el desarrollo de la Tierra, sucediendo a la geosfera (teatro de la materia inanimada) y a la biosfera (escenario de evolución de la materia viva). Si la aparición de la materia vida indujo a la transformación de la geosfera en biosfera, la aparición del pensamiento ha provocado la irrupción de la noosfera. A partir de principios de siglo empieza a estar claro que el genio del pensamiento puede modificar completamente la tierra, ya es posible transmutar los elementos y controlar y dominar la biosfera.

Pero la biosfera es la envoltura del planeta y por tanto en ella se unen todos los demás elementos (litosfera, tecnosfera, atmósfera y noosfera). De ahí su importancia: es el elemento que los contiene a a todos los demás y que, a su vez, está en contacto con el cosmos, de ahí que requiera una atención especial. La aparición de la noosfera hará que la biosfera entre en una nueva etapa de evolución presidida por la razón y el genio de lo humano. Vernandski fue el primero en advertir que la acción del pensamiento y su cristalización mediante la técnica, pueden modificar la biosfera. A esta toma de posesión de la biosfera seguirá el tema recurrente en todos los cosmistas, de la conquista del espacio exterior: "En el futuro –había escrito- se nos presenta como realizable un sueño de cuento: el hombre se esfuerza por salir de los límites de su planeta al espacio cósmico. Y con toda probabilidad, saldrá".

La orientación científica de Vernadski se debía a la influencia de su mentor Vasili Dokuchayev, fundador de la edafología, estudio de los suelos y de todo lo que se encuentra sobre ellos. Dokuchayev ideó la palabra "biósfera" que Vernandski utiliza, aprovecha y define con mayor precisión en 1926 diciendo de ella que es "la fuerza geológica que da forma y vida a la Tierra". Las implicaciones de todo esto son demasiado evidentes como para que valga la pena enumerarlas en su totalidad. Los estudios de Vernadski se configuran como un precedente de la ecología, pero también de la etología y de las implicaciones que rescataron los ideadores del movimiento de la New Age, en especial James Lovelock, autor de la Hipótesis Gaia en donde definía a la tierra como un "organismo vivo" y Ken Wilber que intenta penetrar en las líneas de evolución de la noosfera. Incluso, una de las tendencias de la New Age, el llamado movimiento "inmortalista" formado en torno a Sondra Ray y Robert Coon, penetra de lleno en la temática cosmistas (sin conocerla) sosteniendo que el ser humano puede vencer a la muerte en esta nueva etapa de la historia que para ellos es la Era de Acuario.

A decir verdad es posible trazar una línea de continuidad razonable (a nivel de inspiración) entre los cosmistas, Vernadski, Teilhard, que llega hasta la New Age y el "transhumanismo" de moda en los años noventa. La noción central, de nuevo, es la noosfera, ese espacio en el que se producen los fenómenos del pensamiento y de la inteligencia. El pensamiento de Teilhard no es exactamente el mismo que el de los cosmistas, e introduce ligeras variaciones, en especial por su formación como sacerdote jesuita. Acepta la idea de evolución y dedica buena parte de su vida a demostrar que no existe contradicción entre la fe religiosa y la evolución científica. Todo evoluciona. Teilhard acepta también las dos primeras fases de la evolución tal como fueron definidas por Vernadski: la evolución de la geosfera (o proceso de evolución geológica), la evolución de la biósfera (evolución de la vida hacia formas superiores), pero añade que ésta tiende a una nueva etapa que supondrá una superación de la noosfera (evolución del pensamiento) y que conducirá a la *cristósfera*... la cual se identifica exactamente con el concepto de "unidad total" defendido por los cosmistas, los cuales sostenían que en la última etapa de evolución "todo conectará con todo" y, por tanto, "todo será común", la famosa "causa común" que dio título a los dos volúmenes de es ritos de Fedorov.

Así pues, la única diferencia esencial entre Teilhard y los cosmistas radica en los rasgos de la última etapa de evolución. Vernadsky (científico puro) opina que será la ciencia quien acelerará el dominio sobre la biósfera y probablemente la superación de la noosfera. Teilhard, por su parte, también alude a la superación de la noosfera (a la que ambos atribuyen rasgos positivos, pero también negativos, y perciben en ella un proceso dialéctico que hizo, precisamente que Vernadski se aproximara al marxismo) pero en beneficio de una super-mente que identifica como última etapa en la evolución hacia lo que llama "el punto Omega" o "Cristo Cósmico". Había resumido su idea en una frase: *«Creo que el Universo es una Evolución. Creo que la Evolución va hacia el Espíritu. Creo que el Espíritu se realiza en algo personal. Creo que lo Personal supremo es el Cristo Universal»,* frase que probablemente Fedorov hubiera asumido como propia.

TEILHARD, PUNTAS DE LA NEW AGE

Uno de los puntales en los que encuentra inspiración el movimiento "New Age" es el jesuita Pierre Teilhard de Chardin hasta el punto que algunas tendencias lo reconocen como precedente y extraen de él buena parte de sus ideas y justificaciones (Sondra Ray, Robert Coon, etc.). Puede decirse que el movimiento "New Age" si acepta algo del cristianismo es la noción de Cristo Cósmico que plantea el padre Teilhard.

Teilhard no es un pensador fácil de leer, su obra

se sitúa en el cruce entre la filosofía, la teología y la ciencia, intentando lo imposible: tratar de encajarlas. Teilhard fue el primero en buscar sólidas argumentaciones científicas para sus intuiciones místicas, algo que posteriormente han hecho desde Fritjof Capra hasta Stanislas Grof. Pero como todos los precursores su obra es discutida por muchos y, en su conjunto, las luces y las sombras se alternan de manera inquietante. Su figura, indiscutible en ambientes católicos progresistas hasta hace quince años, está hoy en revisión.

Nació en un castillo al oeste de Clermont, cerca del Puy-de-Dôme; de familia aristocrática, desde muy niño recibió una esmerada educación religiosa; sin embargo, también desde muy niño su pensamiento estuvo escindido entre dos fidelidades que entraban en contradicción: el espíritu y la materia. El propio Teilhard de Chardin cuenta que "... a los seis o siete años empecé a sentirme atraído por la materia, o más exactamente por algo que "resplandecía" en el corazón de la materia". Explica que jugaba con piezas de hierro en las que veía algo que trascendía la mera materia y más adelante prosigue : "Me abstraía en la contemplación, en la posesión, en la existencia soberana de mi 'Dios del Hierro'. A lo largo de toda su obra, como veremos, intentó resolver la contradicción entre espíritu y materia.

Con esa precoz mentalidad ingresó en el colegio de los jesuitas de Villefranche-sur-Saône, una escuela religiosa y aristocrática. Finalmente, terminaría entrando en la Compañía de Jesús, cuando la orden fue expulsada de territorio francés y la mayoría de sus miembros -con el propio Teilhard- pasaron a residir en la isla de Jersey. En 1905 terminó sus estudios de filosofía y teología y en 1912 será ordenado sacerdote. Enviado por la Orden como profesor a un establecimiento de El Cairo; allí, como producto de su admiración por la materia, empezará a interesarse por la paleontología. Son los años en los que las ciencias sufren un importante tirón: se empieza a teorizar sobre la radioactividad y, poco a poco, se va penetrando en la estructura atómica de la materia, en ese mundo que tanto seduce al padre Teilhard.

Años después escribirá que, desde su juventud, ya estuvieron claras las orientaciones que iba a mantener durante toda su vida: "De una y de otra parte de la Materia, la Vida y la Energía: las tres columnas de mi visión y de mi beatitud interiores". Sostiene que entre materia, vida e inteligencia, no hay ruptura, sino continuidad. El evolucionismo se iba imponiendo, poco a poco, en la época, y el padre Teilhard va estableciendo las bases de lo que será su concepción del mundo y que, casi podríamos llamar, un "meta-evolucionismo", es decir, una concepción de la evolución de los organismos, desde la materia inerte hasta el Espíritu puro.

Después de ser movilizado durante la primer guerra mundial y de participar en el frente como camillero, protagonizará el fraudulento caso de Pildtow, del que hablaremos detalladamente más adelante. Luego, emprenderá una serie de viajes a Extremo-Oriente que le llevarán a excavaciones en China. Cuando regrese, será ya un hombre famoso y sus doctrinas, aun sin estar suficientemente cimentadas en datos objetivos, siendo más bien productos de una síntesis del pensamiento teológico y de doctrinas científicas, será mirado por simpatía extramuros de la Iglesia Católica, como el esfuerzo de un sector del clero intelectual, por adecuar progreso científico y fe cristiana.

TEILHARD Y EL DARWINISMO

A principios de siglo el evolucionismo no se había impuesto todavía como doctrina oficial; si bien sus teorías sobre la evolución animal habían logrado seducir al mundo científico, cuando aludían al hombre, la oposición por parte de distintas confesiones y creencias religiosas era cerrada y, lo que es peor, apoyada en bases objetivas: efectivamente, no se había encontrado el "eslabón perdido" entre el simio y el hombre, hasta el punto que algún biólogo, irónicamente, pudo decir que el hombre era el animal más antipático para los darwinistas... Los evolucionistas de la época dedicaron todos sus esfuerzos a encontrar esa cadena de eslabones perdidos que, vistas las diferencias entre el simio antropoide y el hombre, debían ser varios. Pero el pitecántropo -medio simio, medio hombre- no aparecía y lo que era peor, los evolucionistas habían hecho de su hallazgo una cuestión de principios, hasta el punto de que llegaron a falsificar distintos restos para presentarlos como los ansiados eslabones perdidos. Hay que recordar que, a principios de siglo, la ciencia aun no había establecido la datación por medio del carbono 14 y era imposible analizar la veracidad o falsedad de los restos. Los darwinistas de principios de siglo no eran esos mansos científicos que buscaban solo el progreso de la ciencia, atacados por el oscurantismo religioso... eran gentes capaces de mentir para demostrar la veracidad de sus afirmaciones ; frecuentemente estaban situados en el terreno de la filosofía positivista, anti-religiosa por definición y empeñada en demostrar la inexistencia de Dios a través de un ataque al "fijismo" o "creacionismo", doctrina que supone que las especies son inmutables y fueron creadas por Dios.

Charles Dawson en 1912 fue quien descubrió los restos del cráneo de Pildtow; en sus trabajos fue ayudado por Sir Paul Woordward y por el padre Teilhard du Chardin. Dawson solo encontró la mandíbula falsificada tras la llegada del jesuita y, si bien fue él quien encontró la mandíbula, no está comprobado que fuera él quien la falsificó. Al año siguiente, el propio Teilhard descubrió el polémico canino...

En su momento, el descubrimiento sacudió la conciencia de la humanidad y hoy nos resulta muy difícil intuir las repercusiones que tuvo, pero que no serían inferior al nacimiento de la microinformática: algo, efectivamente, que rompe con las creencias anteriores y supone una brusca innovación, un salto de gigante en la perspectiva científica. Buena parte de la fama de Teilhard du Chardin procede de este descubrimiento que proporcionó fundamentación científica a sus teorías.

Cuando se descubrió la falsificación de Pildtow, en los años 50, las culpas recayeron inmediatamente sobre Dawson, sin que las pruebas contra él fueran, en absoluto, concluyentes. Por entonces Dawson era sólo conocido en reducidos medios científicos, mientras que el Padre Teilhard había alcanzado fama mundial por sus atrevidas teorías. Dawson, el eslabón más débil, pechó con la culpa de la falsificación. Sin embargo, no iba a ser la única.

En 1927 volvió a repetirse el fraude. Davidson Black descubrió casualmente un diente humano en la maleta de un chino que vendía chucherías. El diente le llamó la atención por su presumible antigüedad; supo que había sido encontrado en una cueva próxima a la ciudad de Chu-ku-tien. Black visitó la cueva y, poco después, recibió la visita del padre Teilhard. Justo tras la llegada del jesuita se encontró un segundo diente al que R. Sermonti ya ha aludido en su texto.

Estos dos episodios son voluntariamente olvidados en todas las biografías que le han consagrado sus partidarios. Si bien no existe ninguna prueba concluyente de que fuera el padre Teilhard el falsificador, lo cierto es que fue la única persona que vivió extraordinariamente de cerca ambos casos y que los hallazgos más polémicos se realizaron siempre en su presencia. Ningún detective precisaría muchos más datos para inculparlo por fraude científico. Es más, los dos hallazgos contribuyeron a cimentar sus distintas teorías sobre la antropogénesis, de tal manera que, podemos decir que si no fue él el falsificador, al menos la falsificación jugó a su favor. El mismo detective hubiera afrontado la investigación preguntándose ¿a quién beneficia el delito?...

De todas formas, Teilhard logró salvar su reputación científica y evitar el ser salpicado de lleno por estos dos escándalos. Hay en su pensamiento también algo que remite indirectamente a las concepciones cosmistas en esa mezcla de pensamiento irracional (Teilhard lo llama "fe") y pensamiento científico que lleva a la construcción de las hipótesis más audaces y fantásticas. En *Science et Christ*, por ejemplo, el padre Teilhard escribe: "La Evolución es hija de la Ciencia, al fin y a la postre, la fe en Cristo puede ser muy bien la que salvará mañana en nosotros el gusto de la Evolución". En estas pocas líneas están implícitas las tres dimensiones del pensamiento de Teilhard, la científica, la teológica y la mística.

Como era de prever, su concepto de la evolución va más allá del puramente biológico darwinista e intenta encajarlo a martillazos con la fe. Evolución es, para él, cualquier cambio o transformación de algo ; la evolución sigue distintos niveles progresivamente más complejos. Teilhard concibe el proceso de formación del Cosmos -su cosmogénesis- como un proceso dinámico y evolutivo siempre en movimiento ascendente. Dentro de esta cosmogénesis se desarrolla la biogénesis (nacimiento de la vida en el seno del universo material inanimado) que, a su vez, es seguida por la antropogénesis (aparición de la especie humana, a través de la línea ascendente de la evolución de los seres vivientes) ; pero el proceso no se detiene ahí. Su cosmogénesis no termina en la aparición del mono antropoiode, sino en la inclusión de éste en lo que denomina "noosfera" (del término griego *nous*, pensamiento), que es el terreno de la vida consciente propia del hombre. La diferencia entre el mono antropoide y el hombre, para Teilhard, no es otra que el desarrollo de una serie de habilidades, unida a la toma conciencia de sí mismo.

DE LA "AMORIZACIÓN" AL "PUNTO OMEGA"

Tanto mayor es esa conciencia de sí, tanto mayor el concepto de lo humano queda perfeccionado; así pues, la experiencia mística, supondrá la cima ansiada por la naturaleza humana, un punto que parece escapar a la materialidad y alzarse hacia algo que está mucho más allá de ella. Y aquí Teilhard introduce un nuevo concepto que explica cual es el impulso que guía esta nueva etapa de la evolución, la "amorización", esto es, el acto de impregnar a la sociedad humana en su actual etapa de desarrollo, con las energías del amor orientándolo a un fin cualitativamente superior. Es evidente que Teilhard ha tenido una experiencia mística similar a la que Arthur Koestler describió como "conciencia oceánica", esto es, un estado de conciencia, diferenciado de la ordinaria, en la que el observador ha logrado escapar a una percepción dual del universo y se sitúa más allá de toda contradicción, sin conflictos, ni rupturas; del mundo de la dualidad ha pasado al de la Unidad, al del Todo. Este tránsito hace que el místico perciba el universo como armonía o amor. La lectura de los textos de Teilhard induce a pensar que, a lo largo de toda su vida, intentó racionalizar en clave científica, una apertura interior de conciencia, probablemente espontánea o generada por algún traumatismo existencial (acaso la experiencia vivida en las trincheras durante la Primera Guerra Mundial) o quizás por su condición de sacerdote y jesuita (meditando según las indicaciones del fundador de la Orden, San Ignacio de Loyola).

La "amorización" abre las puertas a la fase final del proceso evolutivo, lo que Teilhard llama "Punto Omega". Llegado a este límite, Teilhard quiere superar el estadio de la física y del resto de ciencias de la materia, para alcanzar un nivel que se sitúa más allá de estas ramas del saber, pero más acá de la metafísica. Es lo que llama "ultra-física" y que concibe como un estadio sintético del conocimiento científico que se preocupa, no solo de los fenómenos observables, sino del sentido global del universo.

Una parte esencial de la "ultra-física" es el concebir el sentido de lo humano en la etapa siguiente de la evolución que nos lleve a un estadio superior al actual. Es lo que llama "lo ultra-humano". Teilhard lo percibe como un estadio post-personal. En efecto, en su presumible experiencia mística, sintió aquello que han experimentado los místicos y los meditadores de todos los tiempos: la disolución de la personalidad en el todo cósmico. La abolición de las barreras del mundo de la dualidad que conlleva la experiencia mística, acarrea igualmente la destrucción de la diferencia entre el Yo y el no-Yo. La persona siente fundirse con el Cosmos y Teilhard, nuevamente, intenta dar a esta experiencia mística, una interpretación a medio camino entre la ciencia y la teología. Este es el aspecto más problemático de su concepción del mundo, pero también el que ha atraído más interés por parte de los intelectuales de la "New Age".

El estadio final de la evolución del cosmos se encuentra en lo que Teilhard llama el "Punto Omega", en alusión a la última letra del alfabeto griego y a la frase bíblica en donde Dios dice "Yo soy el Alfa y el Omega, el principio y el fin". La marcha hacia Dios es el fin último del proceso evolutivo y la razón de ser del Cosmos. La evolución de los distintos organismos vivos converge en Dios. La humanidad es hija de Dios, derivada de Él vuelve a Él; de ahí que la teología de Teilhard identifique humanidad con Cristo.

En su proceso de perfeccionamiento, la Humanidad irá aboliendo las barreras personales entre unos y otros seres; es lo que Teilhard llama el "proceso de socialización" (tendencia de la humanidad a constituir una comunidad humana cada vez más organizada y unificada). De la misma forma que el mono antropoide evolucionado, un día llegó a tener conciencia de sí mismo, la humanidad del futuro, siguiendo este proceso de ascensión y convergencia, acabará teniendo una conciencia colectiva y unitaria. Y esta conciencia le otorgará la naturaleza de Cristo. La "cristogénesis" de Teilhard implica que la humanidad del futuro es el "Cristo Cósmico" o "Cristo Universal": Cristo encarnado en una humanidad que, teniendo conciencia de sí misma, y siguiendo la lógica evolutiva -siempre en busca de estadios más avanzados y perfeccionados de desarrollo- termina identificándose con Dios.

En ese momento se habrá llegado al "Punto Omega", límite máximo y punto de convergencia de toda la Evolución.

DEL "PUNTO OMEGA" A DIOS

Cambiando algunos términos, en especial aquellos que están íntimamente ligados a las concepciones católicas de las que parte Teilhard, se puede percibir sin mucho esfuerzo que su teorización fue aprovechada por los intelectuales de la "New Age". Lo que Teilhard llama "socialización" es la tendencia global que los "newagers" atribuyen a la Era de Acuario, que consideran era de la humanidad por excelencia. El concepto de "cambio de paradigma" que Teilhard no menciona con estas palabras, está sin embargo implícito en su visión del mundo, cuando dice que cada nivel evolutivo contribuye a un cambio global de perspectiva. Cuando Teilhard dice en su libro "La Misa sobre el Mundo" que hay fuerzas que nos hacen contemplar el rostro de Dios, pero solo otras suficientemente intensas permiten que "despertemos en el seno de Dios", aludiendo con otras palabras a la diferencia entre exoterismo y esoterismo, entre la creencia en Dios y en la Trascendencia de un lado y en la experiencia de la Trascendencia en el propio corazón de lo humano, esto es, lo que la "New Age" considera un "estado diferenciado de conciencia".

Hasta aquí el pensamiento y la obra de Teilhard de Chardin, con sus luces y sus sombras, con sus intuiciones geniales y las sospechas planeando sobre algunos de sus hallazgos. No importa, nadie puede negarle el ser el precursor de algo que otros muchos, después de él, han divulgado y reescrito en términos más accesibles para el público y desde perspectivas situadas extramuros del catolicismo romano, en el cual Teilhard siempre permaneció, si bien en sus márgenes.

El padre Teilhard no fue en absoluto apreciado por la teología católica. El 30 de junio de 1962, casi una década después de su muerte, el Santo Oficio publicó una réplica a su filosofía de la vida, justo en los momentos en que su obra gozaba de mayor prestigio y popularidad: "... en el plano filosófico y teológico, sus obras están repletas de ambigüedades e incluso errores graves que ofenden a la doctrina católica".

La réplica afecta, fundamentalmente a las cuestiones de teología, excepto en un punto de carácter más universal y metafísico. El Santo Oficio identificó el eslabón más débil en la cadena de razonamientos de Teilhard: su concepción del espíritu como un estado evolucionado de la materia. Una concepción que, en buena medida, es implícitamente compartida por los exponentes más brillantes de la Nueva Era.

Teilhard fue, a nuestro modo de ver, un producto de su tiempo. Su interés por dar un contenido católico a la doctrina de la evolución fue motivado por los excesos de la polémica evolucionismo-fijismo de principios de siglo; como teólogo y hombre de ciencia que era, intentó conciliar ambos puntos de vista. Por lo demás, eran también los tiempos en los que la Internacional Comunista efectuaba su gran embestida en los años 20. Teilhard era consciente que el marxismo se apoyaba en una doctrina pretendidamente científica, racionalista y economicista hasta lo inhumano, que ganaba adeptos entre la intelectualidad; Teilhard intentó contrarrestar la visión del mundo del marxismo con una cosmogénesis que, salvando los aspectos que consideraba esenciales en el catolicismo, le diera una fundamentación científica. En rigor hay que decir que no lo consiguió... El Santo Oficio en 1962 dio constancia que "...sus escritos, en numerosos puntos, están más o menos en oposición con la doctrina católica". Hasta el siglo XVIII sus libros hubieran resultado quemados... y, posiblemente, también él hubiera sufrido el mismo destino.

Desde nuestro punto de vista, el error de Teilhard consistió en intentar racionalizar y buscar una fundamentación científica a aquello que es una experiencia interior. Un viejo cuento sufí explica que un místico se fue al desierto a meditar y vió a Dios. Al volver sus conciudadanos le preguntaron: "explícanos lo que has visto". El, mediante aproximaciones y parábolas intentó dar una visión aproximada. Algunos de quienes le oyeron, fundaron una nueva religión y estuvieron dispuestos a morir y a matar por su fé. Pero ¿cómo unas pobres palabras pueden describir la experiencia de lo Divino? A Teilhard le ocurrió otro tanto : ¿cómo las ciencias físicas pueden interpretar lo que está más allá de ellas y en otra dimensión, la meta-física? Entre ambas áreas del conocimiento existe una experiencia cualitativa y no solo un grado de evolución. Lo que interesa al místico es la vivencia mística, no racionalizar los procesos mediante los cuales ésta se genera. De hecho, las escuelas místicas de todos los tiempos han prescrito el silencio y el secreto; los taoístas incluso han explicitado que "quien habla de la Vía, se aleja de la Vía". Teilhard se perdió en su intento de explicar "la Vía" y su destino.

ANTES DE TEILHARD: EL ABATE ROCA

Además de la influencia cosmista rusa –a través de Vernadski- en la obra del padre Teilhard de Chardin, es posible encontrar otra influencia no menos inquietante: la sombra del abate Roca.

No existe ni una sola biografía de Teilhard de Chardin, ni un solo comentarista de su obra que la haya vinculado a los trabajos del abate Roca. Roca es, en el fondo, un semi-desconocido incluso en los medios ocultistas actuales; sin embargo, existe tal cantidad de paralelismos que no cabe poner en duda que Teilhard de Chardin conociera su obra y que tomara de él algunas ideas esenciales. Roca era católico, ocultista, socialista y pretendía lograr un entendimiento entre la iglesia y el racionalismo representado por la masonería. La obra completa de Roca jamás se ha editado en otra lengua que el francés y nunca ha sido reditadas. Su lenguaje, por lo demás, es el propio de las agrupaciones ocultistas de finales del siglo pasado, sin pretensiones científicas, sin interés en ser aceptado por los grandes foros culturales de su tiempo, sino solo por aquellos a quienes iba dirigida su obra. A diferencia de Roca, Teilhard tiene la habilidad de volver "presentables" las ideas del primero, darles una altura científica y teológica y rescatarlas del olvido en el que habían caído a poco de ser publicadas.

Nacido en 1830, Roca había sido educado en los carmelitas y prosiguió su formación religiosa en el seminario siendo ordenado sacerdote en 1858. En 1869 fue nombrado canónigo honorario de Perpignan, cuya proximidad a la frontera le permitirá viajar frecuentemente a España en donde residirá durante un período; en nuestro país se vinculará con medios socialistas utópicos que le impregnarán con su humanismo mesianista. También residirá durante algunos años en Estados Unidos, Suiza e Italia. En el curso de todos estos viajes aprovecha para forjarse una amplia cultura ocultista para la que intenta ganar a sus alumnos -es profesor en varios colegios religiosos- y a otros sacerdotes. A poco de concluir el Concilio Vaticano I, tras haberse declarado contrario al Decreto de Infalibilidad Papal, es suspendido a divinis.

Roca no había sido el primer sacerdote en pasar a las filas del ocultismo. En los últimos años del siglo XIX y primeros de este, toda una cohorte de sacerdotes franceses se sintieron ganados, no solo por el ocultismo, sino muy frecuentemente por el satanismo. Antes de que Stanislas de Guaïta, fundara su Orden Kabalística, el ex-abate Lacuria ya difundía textos rosacrucianos. El abate Jeannin había abierto una librería en la rue de Trevise, que no tardó en convertirse en un santuario de agnósticos y librepensadores. Por su parte, el abate Sauniere, del pequeño pueblo de Rennés-le-Château y sus otros dos compañeros de andanzas, el abate Boudet y el abate Gellis, terminaron moviéndose en el entorno de la Rosa Cruz de Josephin Peladan, mientras que otros sacerdotes belgas habían terminado vinculados a grupos satanistas. Roca, por su parte, frecuentó sociedades secretas ocultistas, martinistas y cabalísticas. En todas estas organizaciones, era apreciado y frecuentemente requerido para que pronunciara conferencias e impartiera cursos, no solo en la Escuela Esotérica de "Papus", sino en otros cenáculos parisinos. Los ocultistas admitían que todo sacerdote, por el rito mismo de la ceremonia de ordenación, recibía un carisma sobrenatural que ni siquiera la excomunión papal podía sustraerle. Roca gozó de la amistad, la confianza y la camaradería del colegio rector de la Orden Kabalística de la Rosa Cruz, en especial, de su alma, Stanislas de Guaïta a quien saludaba en un escrito diciéndole: "Mi muy querido hermano en Jesucristo: No reniego de ninguno de los principios de vuestra enseñanza que es la mía. Estamos de acuerdo, mi querido hermano, en todos los puntos de la doctrina esotérica". Colaboró en "El Velo de Isis" y en "La Iniciación", no solo con escritos sino ampliando su difusión en los medios católicos a los que tenía acceso. Afirma no reconocer otra "iniciación" que la que "la Cristo hizo a los doce y luego a los setenta y dos".

MÁS ALLÁ DE TEILHARD

En 1997 entrevistamos en Barcelona, en la cafetería del ombráculo del parque de la Ciudadela a un extraño personaje que venía precedido por dos datos biográficos no desdeñables: de un lado, era tataranieto de Joseph Smith, fundador de los mormones y de otro, había creado el movimiento *Inmortality Now!* De edad difícilmente definible, pero sugería haber nacido en los primeros años 40, conocía perfectamente la contracultura de los 60 e inscribía su obra en el movimiento de la New Age. No había oído hablar –y esto es importante- de los cosmistas rusos a los que desconoce en alguna de sus obras como precedentes de la idea "inmortalista". Robert Coon, junto a Sondra Ray y Leonard Orr. Trotamundos, desinteresado por arraigar en algún punto del planeta, había viajado por todo el mundo, recorriendo lo que para él eran los chakras del planeta Tierra. Si la tierra era un "ser vivo", como todo ser vivo, tal como enseña la concepción médica china, debería de tener algunos "puntos sensibles", los chakras. Coon los identificaba en distintos lugares de la tierra en donde se habían producido acontecimientos históricos relacionados con la evolución espiritual: Glastonbury en Inglaterra, Montserrat en Catalunya, Jerusalén y La Meca en Oriente Medio, etc.

A diferencia de Leonard Orr y de Sondra Ray que cristalizaron sus concepciones en un sistema de "renacimiento" (el rebirthing) plasmada mediante ejercicios físicos de respiraciones consciente y "conectada" y en técnicas de pensamiento creativo, estuvo de moda durante los años 90, como terapia de "crecimiento personal" o incluso como "psicoterapia", para Coon, en cambio, la inmortalidad era una posibilidad material, tangible y muy real. En su opinión, al haber entrado la humanidad en la "era de Acuario" (criterio no unánime pues la horquilla de fechas sobre la entrada en Acuario varía desde principios del siglo XIX hasta mediados del siglo XXIII, aun habiendo existido cierta unanimidad en que coincidió con el advenimiento de la contracultura de los 60) desaparecía algunas de las limitaciones que habían estado presentes en anteriores ciclos cósmicos.

Aún sin conocerlo, Coon compartía la tesis enunciada por Fedorov, base de su "causa común": "todo está conectado con todo". Si las condiciones cósmicas cambiaban, también cambiarían las condiciones materiales de vida en el planeta tierra y se superaría eso que causaba horror a Fedorov, la muerte. En realidad, tanto Leonard Orr, como Sondra Ray, como Robert Coon o el propio Fedorov eran moralistas y opinaban que en buena medida, la muerte, ese rasgo del conservadurismo humano que se resiste al cambio, estaba entre nosotros porque no éramos capaces de asumir la idea de que "todo está conectado con todo" y que "todos somos todo". Las faltas morales parecían empañar nuestra pureza originaria, separarnos del espíritu y de la trascendencia, arrojándonos sobre la materia y lo contingente, dando la espalda a nuestra naturaleza "cósmica" (o lo que Orr llamaba "transpersonal").

Además, para estos teóricos de la New Age, había otros factores suplementarios que se añadían a las carencias morales que Fedorov había enunciado, pero que no estaban tan alejados de sus criterios: aludían al "trauma del nacimiento", introducían un concepto psicológico, el "síndrome de desaprobación parental", sostenían que las células del organismo se veían afectadas por los procesos mentales y que, en tanto que la humanidad tuviera sobre ella el peso psicológico de la muerte, seguiría produciéndose la vejez y la muerte. Además, opinaban que sobre nuestra existencia presente pesaba también el lastre que suponían las "vidas pasadas".

Pero todo esto, a poco que nos fijemos, está dentro de las coordenadas del pensaminetos cosmista ruso: en efecto, el "trauma del nacimiento" no sería para Fedorov más que el primer episodio de violencia al que se enfrenta el ser humano a poco de entrar en contacto con la biósfera. El egoísmo al que aludía Fedorov como uno de los factores desencadenantes de la violencia es el "síndrome de desaprobación parental" que según esta escuela de psicología transpersonal perciben los neonatos cuando advierten que sus padres están más preocupados por sí mismos que por sus hijos. Desde el momento en que un padre dice a su hijo "no llores", lo que se está es desinteresando del origen del llanto y optando por la búsqueda de la propia tranquilidad. Esto hace que nos hijos, poco a poco, vayan desarrollando un mecanismo de supervivencia que, en términos marxistas, tan queridos por algunos cosmistas, equivale a un proceso de alienación de la personalidad, no por causas económicas o por la propiedad de los medios de producción, sino motivada por que los hijos dejan de actuar como son verdaderamente y pasan a hacerlo tal como los padres esperan que hagan. Esto, además, les genera represiones interiores que condicionarán su vida y les confirmarán, en cuanto puedan, en sus pulsiones egoístas… generando, a su vez, más violencia y retroalimentando las cotas de violencia existentes en el mundo. Así mismo, cuando este grupo de newagers sostiene que tenemos el lastre de vidas pasadas, no está diciendo algo diferente a lo que decía Fedorov cuando aludía a que era necesario unir a las generaciones pasadas, presentes y futuras, por encima de la muerte. De hecho, incluso, la misma terapia de Sondra Ray y Leonard Orr tiene un título significativo que hubiera, sin duda, aprobado el filósofo ruso: "renacimiento", esto es, victoria sobre la muerte, resurrección.

En todas las corrientes de la New Age están más o menos presentes elementos de la filosofía cosmista. En Roberto Coon se trata ya de elementos llevados al límite. Coon sostiene que la victoria sobre la muerte es posible e incluso enseña la técnica, basada en la alimentación, la meditación, el estilo de vida, los valores y la iniciación que otorga su asociación Inmortality Now!

Coon, por ejemplo, escribe en su obra Trece pasos

para la inmortalidad física: "¡Que mi existencia esté dedicada a iluminar todas las conciencias por todas partes del universo! [...] ¡Permite que todos sientan mi entusiasmo como una luz de amor y de verdad! [...] ¡El punto Omega está aquí! [...] Proclamo mi palabra a todos los seres: ¡He sido liberado a este universo a través del poder de la verdad, ahora soy inmortal!". La obra termina con un pequeño poema a modo de mantra compuesto por Coon en el que, entre otras cosas, se dice: *Que mi conciencia acaricia eternamente todas las formas de realidad, compartiendo este éxtasis en las manifestaciones más hermosas y creativas. Que mi corazón sea poseído por el Espíritu de la Verdad; Que mi existencia sea dedicada a la iluminación de toda la conciencia en todo el Universo; [...] La claridad de visión ha sido redimida en todo el universo;"* Terminando así: "¡Sabe, oh universo, que mi conciencia está acariciando eternamente todas las formas de la realidad".

Es evidente que lo que Fedorov ha expuesto en un lenguaje filosófico y sus discípulos han traducido a lenguaje científico y literario, la New Age lo ha trasladado al lenguaje de la psicología transpersonal y al de cierto misticismo ingenuo propio de los fundadores de religiones (a fin de cuentas, algunas tendencias de la New Age, han definido su intención de crear "una religión mundial para un gobierno mundial"... véase nuestro estudio sobre la ideología del zapaterismo: El Pensamiento Excéntrico, en infokrisis).

El resto de componentes de la New Age, o bien han salido directamente del pensamiento de Teilhard de Chardin, o bien han derivado hacia preocupaciones que ya habían interesado a los cosmistas rusos, casi cien años antes. Culto a Gaia y telurismo, la extraordinaria variedad de terapias alternativas para vencer a la muerta, al dolor y a la violencia son significativos del mismo impulso que animaron a Fedorov y a los newagers. Cualquier mal tiene su remedio en la Nueva Era. Hidroterapia, iridiología, naturopatía, acupuntura, medicina tradicional china, tibetana, islámica, vienen de un pasado más o menos remoto, pero se actualizan y experimentan un nuevo revival rivalizando con las terapias nacidas al socaire de la etiqueta "new age". Programación Neuro-Linguística, Método Silva, Curso de Milagros, técnicas metamórficas, cinesiología aplicada, rebirthing, análisis bioenergético, flores de Bach, aromaterapia, aurosomaterapia, resonancia mórfica, reiki, reflexología podal, Gestalterapia, terapia de polaridad, terapia primal, terapia reichiana, rolfing, método alexander, auriocoloterapia, curso de milagros, método Grinberg, musicoterapia y por supuesto terapia de la risa, y así podríamos seguir llenando líneas y más líneas que no dirían nada a quienes no han pasado por sus sesiones, cursos y seminarios. Nunca la salud, es decir, la vida, su conservación y la victoria sobre la muerte, han interesado tanto. Nadie se quiere morir, ni siquiera sufrir migrañas, nadie quiere verse atrapado en las garras de la medicina oficial ampliamente denostada en todos los grupos de la Nueva Era. Algunos como Orr, Ray y Coon, incluso sostienen que la enfermedad es un "epifenómeno" que demuestra la existencia de causas más profundas; una dolencia del cuerpo se generaría en una enfermedad del alma. La medicina de la Nueva Era quiera atacar a la enfermedad en sus mismas raíces: en el alma, fiel al paradigma holísitco de que "todo está en todo y todo repercute en todo", enunciado por Fedorov y redescubierto por los newagers...

En la práctica este planteamiento corre el riesgo de generar ciertos complejos de culpabilidad; mientras que para alguien ajeno a la Nueva Era un constipado es un constipado producto de un virus, para alguien que comparta los puntos de vista del movimiento que aquí tratamos, un constipado puede ser la evidencia de una dolencia generada en el alma, no solo en esta vida sino en vidas pasadas. A ver si un constipado puede llegar a ser la evidencia de una maldad congénita albergada en el estrato más profundo del ser... De Pinocho se sabía que mentía porque su nariz se alargaba; cualquier "newager" puede tener la sensación de que sus perversiones salen a la superficie por el simple hecho de agarrar una gripe.

No es de extrañar que ante esta situación, un corriente de la Nueva Era haya roto la baraja y, rizando el rizo, teorizado un nuevo enfoque, el inmortalista. Desde hace más de 2.000 años la idea de la inmortalidad del alma se ha ido democratizando. En un principio, esto es en el mundo clásico, la inmortalidad solo estaba al alcance de los iniciados en los misterios paganos; el destino de aquellos que no habían pasado por la caverna iniciática, no era otro que "extinguirse sin gloria en el Hades", en palabras de Hesiodo. Pero, en esa misma época, en el seno de los cultos exóticos y asiáticos, empezó a cobrar forma la idea que, no importa quien, por el mero hecho de vivir, disponía de un alma eterna e inmortal.

El catolicismo redondeó esta concepción y pudo extenderla allí donde sus misioneros llevaron su tarea evangelizadora. Para el paganismo había que conquistar la inmortalidad como Hércules la conquistó a través de sus esforzados trabajos, o como la consiguieron los argonautas, en las mismas aventuras en que otros fracasaron: los titanes, Lucifer, etc. No es de extrañar que el catolicismo se autoamputara de cualquier esoterismo; hasta entonces habían sido las prácticas esotéricas realizadas en las Escuelas de Misterios las que activaban la percepción que el hombre se hacía de su alma y a ella desplazaba el eje de su personalidad. Pero si se reconocía de partida que el alma era inmortal, para qué un engorroso esoterismo cuyas dificultosas prácticas enajenaban fieles. Era más cómodo, como el candidato en campaña, prometer a cada uno lo que le gustaría oir, y todo el mundo prefiere una inmortalidad regalada que no conquistada.

A la democratización de la vida eterna, debía de seguir la laicización. El concepto de inmortalidad se ha mantenido en la esfera del alma: el cuerpo puede morir, pero el alma es eterna e inmortal. Con todo este planteamiento tiene un problema intrínseco: dado que el eje de la personalidad se sitúa en el binomio cuerpo-mente, resulta difícil que el hombre piense en términos de alma, cuando ni siquiera ha podido experimentar que la tiene; simplemente se fía de que la tiene, y además se fía de que es inmortal. Pero esto no exhorciza el miedo a la muerte. Las adaptaciones sucesivas de las distintas teorías han sido sorprendentes. De un lado surgieron las ideas reencarnacionistas de las que ya hablaremos en otro lugar a aludir a las terapias regresivas. Tampoco bastaba con decir que la vida era una sucesión de idas y venidas y que no se moría nunca del todo; y no bastaba por que el miedo a la muerte, a una sola muerte, era muy superior al entusiasmo de vivir una serie de vidas sucesivas. El paso siguiente era reconocer que con una sola vida bastaba: el hombre es, pura y simplemente, eterno; lo único es que no se ha enterado todavía. Y el paso fue dado por una nueva corriente aparecida en los años 80: los inmortalistas.

A lo largo del invierno de 1995-6 los inmortalistas aparecieron por diversos medios de comunicación españoles y finalmente entrevistamos a Robert Coon. Percibimos en él tres influencias muy diversas: un sustrato ocultista propio del siglo XIX, cierto mesianismo quizás comprensible en quien era tataranieto de Joseph Smith y, finalmente, los elementos propios de la contracultura de los 60 y las teorizaciones posteriores de la psicología transpersonal. Le preguntamos explícitamente por los cosmitas y le contamos lo que sabíamos en la época. No había oído hablar de ellos. No había pues una influencia directa posible. Sin embargo, las similitudes de la Filosofía de la Causa común con la New Age trascienden incluso y no pueden explicarse solamente por la presencia innegable de Teilhard de Chardin como nexo común.

Contra Darwin

CONTRA DARWIN

www.ingramcontent.com/pod-product-compliance
Lightning Source LLC
Chambersburg PA
CBHW020918180526
45163CB00007B/2787